北洋设计文库

# 北洋匠心

天津大学建筑学院校友作品集 第二辑

1977—1985级 天津大学建筑学院 编著

天津大学出版社
TIANJIN UNIVERSITY PRESS

## 《北洋匠心》编委会

主编单位：天津大学建筑学院

承编单位：天津大学建筑学院校友会

     天津天大乙未文化传播有限公司

出版单位：天津大学出版社

丛书顾问：彭一刚、崔愷

丛书编委会主任：张颀

丛书编委会副主任：周恺、李兴钢、荆子洋

本书编委：崔愷、吕大力、张颀、曾坚、郭建祥、李雄伟、

李子萍、荆子洋、于一平、赵晓东、周恺、曲雷、何勍、

韩吉明、盛海涛、黄新兵、李阳、王戈、郭智敏、刘顺校、

周湘津、王勇、郭卫兵、程权、孙雨虹、朱铁麟

策划：杨云婧

# 北洋匠心

天津大学建筑学院校友作品集 第二辑

1977—1985 级 天津大学建筑学院 编著

天津大学出版社
TIANJIN UNIVERSITY PRESS

北洋大學堂
1895-1995

彭一刚院士手稿

# 序
## PREFACE

在 21 世纪之初，西南交通大学召开了一次"建筑学专业指导委员会"会议，我以顾问的身份应邀出席了这次会议。与以往大不相同的是，与会的人员几乎都是陌生的年轻人，那么老人呢？不言而喻，他们均相继退出了教学岗位。作为顾问，在即兴的发言中我提到了新旧交替相当于重新"洗牌"。现在，无论老校、新校，大家都站在同一条起跑线上。老校不能故步自封，新校也不要妄自菲薄，只要解放思想并做出努力，都可能引领建筑教育迈上一个新的台阶。

天津大学，应当归于老校的行列。该校建筑系的学生在各种建筑设计竞赛中频频获奖，其中有的人已成为设计大师，甚至院士。总之天津大学建筑学的教学质量还是被大家认同的，究其原因不外有二：一是秉承徐中先生的教学思想，注重对学生基本功的训练；二是建筑设计课的任教老师心无旁骛，把全部心思都扑在教学上。于今，这两方面的情况都发生了很大变化，不得不令人担忧的是，作为老校的天津大学的建筑院系，是否还能保持原先的优势，继续为国家培养出高质量、高水平的建筑设计人才。

天津大学的建筑教育发展至今已有 80 年的历史。2017 年 10 月，天津大学建筑学院举办了各种庆典活动，庆祝天津大学建筑教育 80 周年华诞。在这之前，我们思考拿什么来向这种庆典活动献礼呢？建筑学院的领导与校友会商定，继续出版一套天津大学建筑学院毕业学生的建筑设计作品集《北洋匠心》系列，时间范围自 1977 年恢复高考至 21 世纪之初，从每届毕业生中挑出若干人，由他们自己提供具有代表性的若干项目，然后汇集成册，借此，向社会汇报天津大学建筑教育发展至今的教学和培养人才的成果。

对于校友们的成果，作为天津大学建筑学院教师团队成员之一的我不便置评，但希望读者不吝批评指正，为学院今后的教学改革提供参考，是为序。

中国科学院院士
天津大学建筑学院名誉院长
2017 年 12 月

彭一刚院士手稿

# 前言
## FOREWORD

2017年10月21日，天津大学建筑教育迎来了80周年华诞纪念日。自2017年6月，学院即启动了"承前志·启后新"迎接80周年华诞院庆系列纪念活动，回顾历史，传递梦想，延续传统，开创未来，获得了各界校友的广泛关注和支持。

值80周年华诞之际，天津大学建筑学院在北京、上海、深圳、西安、石家庄、杭州、成都、沈阳等地组织了多场校友活动，希冀其成为校友间沟通和交流的纽带，增进学院与校友的联系与合作；并由天津大学建筑学院、天津大学建筑学院校友会、天津大学出版社、乙未文化共同策划出版《北洋匠心——天津大学建筑学院校友作品集》（第二辑），力求全面梳理建筑学院校友作品，将北洋建筑人近年来的工作成果向母校、向社会做一个整体的展示和汇报。

天津大学建筑学院的办学历史可上溯至1937年创建的天津工商学院建筑系。学院创办至今的80年来，培养出一代代卓越的建筑英才，他们中的许多人作为当代中国建筑界的中坚力量甚至领军人物，为中国城乡建设挥洒汗水、默默耕耘。北洋建筑人始终秉承着"实事求是"的校训，以精湛过硬的职业技法、精益求精的工作态度以及服务社会、引领社会的责任心，创作了大量优秀的建筑作品，为母校赢得了众多荣誉。从2008年奥运会的主场馆鸟巢、水立方、奥林匹克公园，到天津大学北洋园校区的教学楼、图书馆，每个工程背后均有北洋建筑人辛勤工作的身影。校友们执业多年仍心系母校，以设立奖学金、助学金、学术基金，赞助学生设计竞赛和实物捐助等形式反哺母校，通过院企合作助力建筑学院的发展，促进产、学、研、用结合，加速科技成果转化，为学院教学改革和持续创新搭建起一个良好的平台。

《北洋匠心——天津大学建筑学院校友作品集》（第二辑）自2017年7月面向全体建筑学院毕业校友公开征集稿件以来，得到各地校友分会及校友们的大力支持和积极参与，编辑组陆续收到130余位校友共计339个项目的稿件。2017年9月召开的编委会上，中国科学院院士、天津大学建筑学院名誉院长彭一刚，天津大学建筑学院院长张颀、全国工程勘察设计大师、中国建筑设计研究院有限公司总建筑师李兴钢、天津大学建筑学院建筑系主任荆子洋对投稿项目进行了现场评审；同时，中国工程院院士、国家勘察设计大师、中国建筑设计院有限公司名誉院长、总建筑师崔恺，全国工程勘察设计大师、天津大学建筑学院教授、华汇工程建筑设计有限公司总建筑师周恺对本书的出版也给予了大力支持。各位评审对本书的出版宗旨、编辑原则、稿件选用提出了明确的指导意见，对应征稿件进行了全面的梳理和认真的评议。本书最终收录均为校友主创、主持并竣工的代表性项目，希望能为建筑同人提供有益经验。

近百年风风雨雨，不变的是天大建筑人对母校的深情大爱，不变的是天大建筑人对母校一以贯之的感恩反哺。在此，衷心感谢各地校友会、校友单位和各位校友对本书出版工作的鼎力支持，对于书中可能存在的不足和疏漏，也恳请各位专家、学者及读者批评指正。

天津大学建筑学院院长
天津大学建筑学院校友会会长
2017年12月

# 目录
## CONTENTS

**1977 级**

### 崔愷
12　敦煌莫高窟数字展示中心
18　山西大同博物馆
24　兰州市城市规划展览馆

**1978 级**

### 吕大力
30　华北理工大学新校区校前区
36　辽宁铁道职业技术学院图书教学综合楼

**1979 级**

### 张颀
42　河北省图书馆改扩建工程
46　金寨华润希望小镇
48　天津意式风情区中央商务区

**1980 级**

### 曾坚
56　第三届中国绿化博览园（天津）配套建筑
64　枣庄山亭区翼云阁文化休闲广场景观项目

### 郭建祥
68　浦东国际机场二期 T2 航站楼
72　上海虹桥综合交通枢纽
76　南京禄口机场二期工程

### 李雄伟
80　遵义市劳动人民文化宫
84　遵义湄潭圣地皇家金熙酒店

### 李子萍
90　渭南职业技术学院图书馆
94　西安爱家朝阳门广场
98　国家级眉县猕猴桃批发交易中心

**1981 级**

### 荆子洋
102　天津大学北洋园校区行政管理中心
106　天津广播电台数字传媒大厦
108　天津临港经济区商务大厦
110　西安交通大学青岛研究院

### 于一平
116　FAST 工程观测基地
120　河南艺术中心

### 赵晓东
130　华润银湖蓝山居住区
132　杭州中旅紫金名门商业街

### 周恺
138　天津大学北洋园校区图书馆

## 1982 级

### 曲雷 何勍

144　老西门窨子屋博物馆
146　钵子菜博物馆

### 韩吉明

150　武夷学院

### 盛海涛

156　中国水利博物馆
160　天津市解放南路地区社区文体中心
164　国家动漫产业综合示范园区 02 号地块

## 1983 级

### 黄新兵

170　西双版纳避寒洲际度假酒店
176　中渝国际都会城市综合体项目
180　重庆地产大厦
184　重庆市弹子石 CBD 总部经济区 8 号地块城市设计
186　西双版纳景洪嘎洒高端休闲养生旅游度假项目

### 李阳 王戈

190　银川艺术家村
194　博鳌一龄生命养护中心

## 1984 级

### 郭智敏

202　深圳华侨城 JW 万豪酒店（海颐广场）
204　广东从化侨鑫温泉养生谷五星级酒店
206　深圳招商蛇口桃花园
208　睿智华庭花园

### 刘顺校 周湘津

212　天津南开区汇科大厦
214　天津梅江中心皇冠假日酒店
216　天齐国际广场
218　慧谷大厦

### 王勇

222　中国石油大厦

## 1985 级

### 郭卫兵

228　河北建筑设计研究院办公楼改建工程
232　石家庄大剧院
236　定州中山博物馆

### 程权

242　万科翡翠之光景观设计

### 孙雨虹

248　本拿比市公共图书馆 Tommy Douglas 分馆

### 朱铁麟

254　万丽泰达酒店
256　天津银河国际购物中心
260　天津市泰悦豪庭

264　**后记**

# 崔 恺 1977 级

中国建筑设计研究院有限公司 名誉院长、总建筑师
中国工程院院士
国家勘察设计大师
本土设计研究中心主任
中国建筑学会副理事长
天津大学教授、清华大学双聘教授
中国科学院大学教授
多家专业杂志编委

1981 年毕业于天津大学建筑系，获工学学士学位
1984 年毕业于天津大学建筑系，获工学硕士学位

1984—1985 年任职于建设部建筑设计院
1985—1987 年任职于深圳华森建筑与工程设计顾问有限公司
1987—1989 年任职于香港华森建筑与工程设计顾问有限公司
1989—2000 年任职于建设部建筑研究院
2000 年至今任职于中国建筑设计研究院有限公司

### 代表项目

北京丰泽园饭店 / 北京外语教学与研究出版社办公楼 / 北京外国语大学逸夫教学楼 / 清华科技创新中心 / 北京富凯大厦 / 首都博物馆 / 北京雅昌彩印天竺厂房综合楼 / 河南安阳殷墟博物馆 / 北京德胜尚城 / 大连软件园十号和十一号办公楼 / 辽宁五女山遗址博物馆 / 拉萨火车站 / 山东广播电视中心综合业务楼 / 中国驻南非大使馆 / 中国驻南非开普敦总领事馆 / 韩美林艺术馆 / 凉山民族文化艺术中心 / 浙江大学紫金港校区农生组团 / 西山创意产业基地 B 区艺术家工坊 / 奥林匹克公园多功能演播塔 / 奥林匹克公园下沉庭院 3 号院 / 北川羌族自治县文化中心 / 杭帮菜博物馆 / 德阳市奥林匹克后备人才学校 / 北京谷泉会议中心（中信金陵酒店）/ 苏州火车站 /
康巴艺术中心

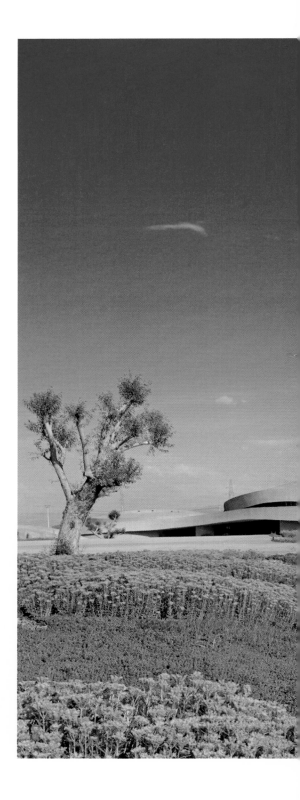

# 敦煌莫高窟数字展示中心

设计单位：中国建筑设计研究院有限公司
业主单位：敦煌研究院

设计团队：崔愷、吴斌 、冯君、赵晓刚、张汝冰
项目地点：甘肃省敦煌市
场地面积：40 000 ㎡
建筑面积：10 440 ㎡
设计时间：2008 年
竣工时间：2014 年

莫高窟被誉为"东方艺术宝库"，但庞大的游客数量也对遗产的保护和管理造成很大困扰。这个建于绿洲和戈壁之间的莫高窟数字展示中心，即为缓解景区的保护压力而建，集合了游客接待、数字影院、球幕影院、多媒体展示、餐饮等功能。

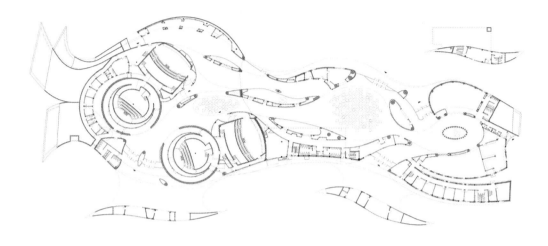

首层平面图

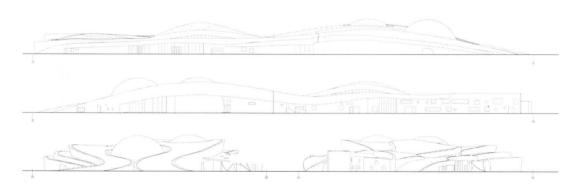

立面图

设计伊始，设计师最初的灵感来自对大自然的敬畏和对古代工匠精美艺术的敬佩。这座建筑，应该是大漠戈壁中的一座小沙丘，造型既如同流沙，如同雅丹地貌中巨舰般的岩体，又类似于矗立在沙漠中的汉长城和莫高窟壁画中飞天飘逸的彩带，充满着强烈的流动感。若干个具有自由曲面的形体相互交错，婉转起伏，巨大的尺度和体量将沙漠地景建筑的特征表达得淋漓尽致。

充满动感的设计特征从室外延续到室内，所有的公共功能均为开放空间，顺应外部形态的变化，室内空间的高度也随之变化。结构支撑体的形态用"墙"的概念对不同功能、不同高度的空间进行划分，使界面清晰明确。

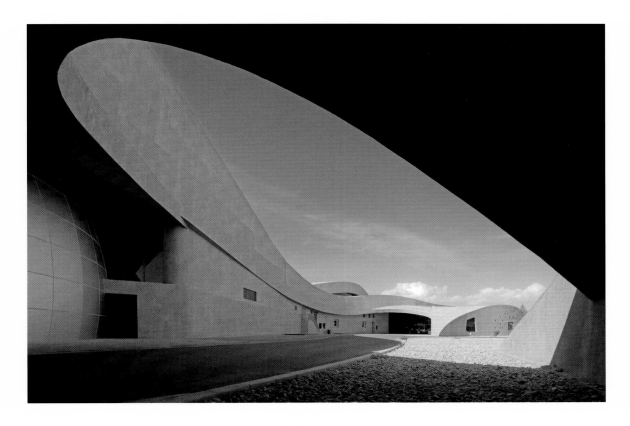

# 山西大同博物馆

设计单位：中国建筑设计研究院有限公司
业主单位：山西大同博物馆

设计团队：崔愷、刘恒、邢野、时红、冯君
项目地点：山西省大同市
场地面积：51 556 ㎡
建筑面积：32 821 ㎡
设计时间：2009 年
竣工时间：2014 年

大同博物馆选址于大同市御东新区，是御东新区建设的重要组成部分。御东新区作为大同新的行政文化中心位于大同老城区的东侧，与大同古城隔河相望，是东西向城市轴线的重要节点。博物馆位于新区的核心位置，与东侧的音乐厅沿新区南北向轴线对称布置，西侧紧临规划中的大型居住区，北望行政中心，南侧为图书馆、美术馆。各具特色的文化建筑集聚一堂，共同构成了城市未来新的文化中心，而博物馆的建设作为新区的起步项目无疑具有里程碑式的意义。

建筑设计承袭大同深厚的历史文化底蕴，建筑形态从悠久的龙图腾文化中
汲取灵感，并与大同地区火山群的典型地貌特征相暗合。两个拙朴的弧形
体量围绕着虚空的中庭和庭院盘旋而起，在一个统一的回环结构内岔分出
数个断面，为内部的观展休息区引入光线和风景。而作为主体的内部展示
空间则随着非线性的形体悄然变化，使观者感觉仿佛遁入幽深的石窟之中。
遒劲有力的建筑形体在端部直接暴露功能性的断面，使建筑更具力量感和
文化气息。

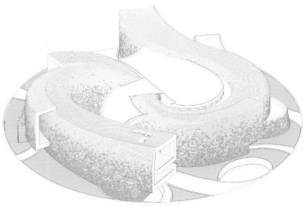

幕墙分缝原理图

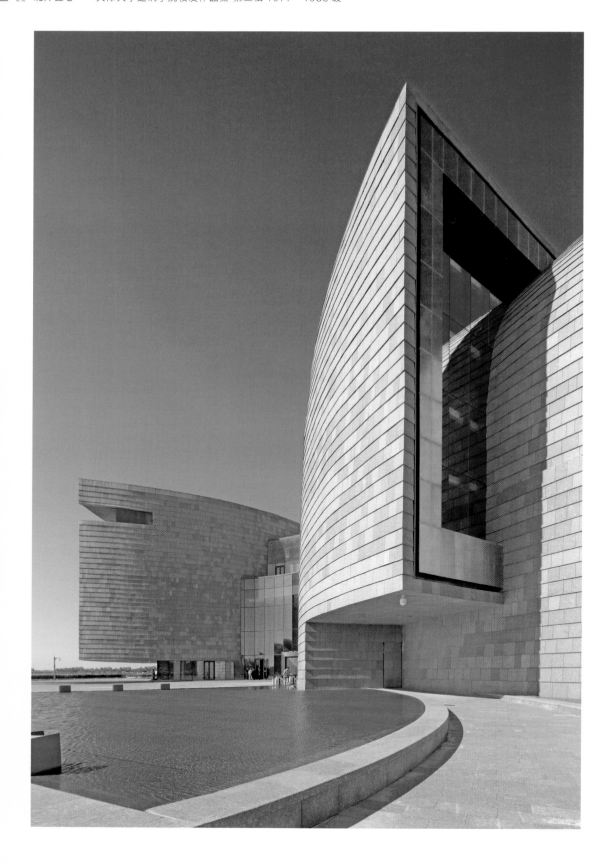

1、浅水池
2、下沉庭院上空
3、大同早期历史展厅
4、远古恐龙化石展展厅
5、唐代石刻展厅
6、前厅
7、大厅
8、展示平台
9、休息厅
10、咖啡厅
11、纪念品销售
12、室外庭院
13、多功能厅
14、贵宾接待室

首层平面图

建筑的三维表面上覆盖着上下搭接的花岗石板，同样的石材也"蔓延"到近似圆壁的水池，有微妙色差的石板通过随机排布形成从下到上渐渐变淡的效果，上下一体的完整形式加强了建筑的稳重感，展示出其在场地与天地浑然一体的气魄。

# 兰州市城市规划展览馆

设计单位：中国建筑设计研究院有限公司
业主单位：兰州市规划局

设计团队：崔愷、康凯、吴健、冯君、时红
项目地点：甘肃省兰州市
场地面积：11 428 ㎡
建筑面积：16 270 ㎡
设计时间：2013 年
竣工时间：2016 年

草图

兰州市城市规划展览馆位于兰州市城关区中心滩片区北滨河东路与人民路交口位置，处于黄河北岸。建设用地呈不规则形状，在东西向沿黄河展开，南临黄河，西侧为滨河景观带。

兰州市城市规划展览馆是展示兰州市城市规划与建设成果的重要场所，主要功能分区包括城市总体模型展厅、各专题展厅、临时展厅、报告厅以及部分会议办公场所。

中华民族的母亲河——黄河从兰州奔流而过，因此设计团队为建筑选取"黄河石"作为设计意向，整体建筑表现为被黄河水冲刷的石头，同时，通过体块的切削，建筑更像一块被石头包裹的钻石或璞玉，呈现出历史和文化的积淀。

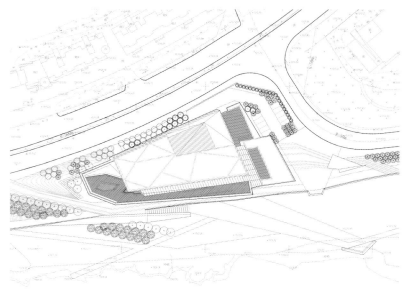

总平面图

建筑细节和装饰语言注意挖掘兰州地域文化中的宝贵财富，如文物纹样、历史事件场景、历史人物等，通过引用、抽象等手段将其与建筑视觉语言结合起来，加强建筑的地域文化内涵。

立面材料采用横向肌理的清水混凝土，产生比较粗犷的肌理，以此表达自然化的建筑形态。为化解混凝土材料带来的大面积的单调感，在平整的表面上打造多处横向的凹缝，加强建筑的层次感，同时在凹缝内隐含大型浮雕图案，使建筑的文化意味更加浓厚。此外，在建筑立面上根据功能需要，设计多处横向的玻璃嵌缝，如璞玉被冲刷之后显现出自身完美的效果，并且使其成为从建筑内部欣赏黄河美景的窗口。

# 吕大力 1978 级

天津大学建筑设计规划研究总院 总建筑师
吕大力建筑工作室设计总监
国家一级注册建筑师

1982 年毕业于天津大学建筑系，获工学学士学位
1993 年毕业于天津大学建筑系，获工程硕士学位

1982 年至今任职于天津大学建筑设计规划研究总院

**获奖项目**
1. 辽宁铁道职业技术学院图书教学综合楼：全国优秀工程勘察设计行业奖三等奖（2017）
/"海河杯"天津市优秀工程勘察设计奖一等奖（2016）/辽宁省建设工程世纪杯（2014）
2 天山米立方："海河杯"天津市优秀工程勘察设计奖一等奖（2015）
3. 河大大厦："海河杯"天津市优秀工程勘察设计奖三等奖（2014）
4. 信阳师范学院社科楼："海河杯"天津市优秀工程勘察设计奖三等奖（2013）
5. 辽宁省交通高等专科学校图书馆："海河杯"天津市优秀工程勘察设计奖三等奖（2012）
6. 东北石油大学秦皇岛分校图书馆："海河杯"天津市优秀工程勘察设计奖三等奖（2010）
7. 河南农业大学工程教学实验楼："海河杯"天津市优秀工程勘察设计奖三等奖（2010）
8. 河南巩义市电力通讯综合楼："海河杯"天津市优秀工程勘察设计奖三等奖（2008）

# 华北理工大学新校区校前区

设计单位：天津大学建筑设计规划研究总院
业主单位：唐山市大学城开发建设有限公司

设计团队：吕大力、周琨、盖凯凯、刘倩倩、张严
项目地点：河北省唐山市
场地面积：3 000 000 ㎡
建筑面积：图书馆 78 010 ㎡、行政办公楼 23 642 ㎡、
科技园大厦 24 033 ㎡
设计时间：2014 年
竣工时间：2016 年
摄影：岳意贺

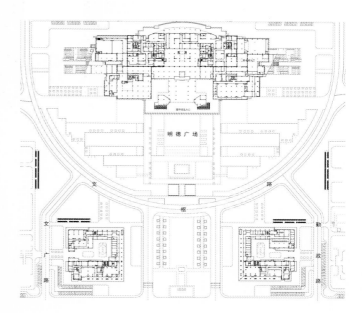

总平面图

华北理工大学新校区位于河北省唐山市曹妃甸区的唐山湾生态城内，校前区靠近校园主入口处，含图书馆、行政办公楼、科技园大厦三栋校园主要建筑和学校南大门以及它们围合成的校前区广场。

图书馆、行政办公楼、科技园大厦三者呈"品"字形布局。图书馆形体舒缓展开，主楼南北长度 170 余米，裙房南北长度 230 余米，与校前区广场相互衬托，展现了标志性建筑的宏大气势。图书馆位于校园东西、南北向轴线的交叉点，设计利用体块组合的形式，强调形体的有机构成，在立面处理上对东南西北四个面均有有力的呼应：南侧面向学校主大门和校前区广场，"基座＋体块"的组合形式大气稳重，呈打开之势欢迎莘莘学子；北侧毗邻校园内的澜湖，设计弧形玻璃幕墙，提供明朗的阅览环境；同时，依据学校总体规划布局，东西侧设置大台阶，便于生活组团人群直接抵达二层平台，并由之进入图书馆主体空间，使图书馆成为连接东西学区的纽带。

行政办公楼及科技园大厦位于校前区广场两侧，两者共同构成学校的"门户"，因此在立面上两者采用对称的造型与空间构成形式，充分体现出"门"的效果；由于其南立面距离城市主干道有一条 50 米的绿化带相隔，因此方案在设计时尽量采用大的体块穿插、咬合的组合形式，避免细碎的立面设计手法，使之与城市街道之间保持适宜的尺度。

# 辽宁铁道职业技术学院图书教学综合楼

设计单位：天津大学建筑设计规划研究总院
业主单位：辽宁铁道职业技术学院

全国优秀工程勘察设计行业奖三等奖（2017）
"海河杯"天津市优秀工程勘察设计奖一等奖（2016）
辽宁省建设工程世纪杯（2014）

设计团队：吕大力、盖凯凯、周琨、曾一洲、刘倩倩
项目地点：辽宁省锦州市
场地面积：6 990 ㎡
建筑面积：16 068 ㎡
设计时间：2013 年
竣工时间：2013 年
摄影：岳意贺

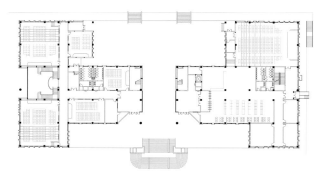

首层平面图

辽宁铁道职业技术学院图书教学综合楼为学校内最大的单体建筑，其功能涵盖图书馆、教学楼、实训楼、行政办公楼、校史馆以及报告厅等六大功能。

本工程地势复杂，没有一个足够平整的场地供整栋建筑组织出入口。而项目功能复杂，每一部分功能均需一个主要出入口，因此本设计利用首层屋面设计一个面积达 1 632 m² 的"工"字形平台，高程为 48.70 m，并利用两个台阶将高程分别为 44.50 m 和 50.00 m 的两个相对平整的台地联系起来，将部分主要出入口设置在平台上，较好地解决了各个方向的人流疏散问题。同时，西侧 44.50 m 高程处组织实训教室的主要出入口，东侧 47.80 m 高程处组织图书馆出入口，使各部分功能的出入口既相对独立又有机联系。

# 张 颀 　1979 级

天津大学建筑学院 院长、教授、博士生导师
天津大学建筑学院 AA 创研工作室主持建筑师
全国高等院校建筑学专业指导委员会副主任委员
全国高等院校建筑学专业评估委员会委员
第七届国务院学位委员会学科评议组成员
国务院政府特殊津贴专家
中国建筑学会常务理事

1983 年毕业于天津大学建筑系，获工学学士学位
1986 年毕业于天津大学建筑系，获工学硕士学位
1996 年毕业于神户大学工学研究科，获建筑学博士学位

1976—1979 年任职于天津市规划局
1986—1990 年，1996—1997 年任职于天津大学建筑系
1997 年至今任职于天津大学建筑学院

**获奖项目**
1. 四川 5·12 灾后重建卧龙学校：香港建筑师学会两岸四地建筑设计大奖"社区、文化、宗教及康乐设施组"
银奖（2015）/ 全国优秀工程勘察设计行业奖三等奖（2013）/ 教育部全国优秀工程勘察设计一等奖（2013）
/"海河杯"天津市优秀工程勘察设计奖一等奖（2013）
2. 河北省图书馆改扩建工程：中国建筑学会中国建筑设计奖金奖（2013）/ 全国优秀工程勘察设计行业奖一等
奖（2013）/ 河北省优秀工程勘察设计一等奖（2012）
3. 天津利顺德大饭店保护性修缮改造工程：中国建筑学会中国建筑设计奖银奖（2013）/"海河杯"天津市优
秀工程勘察设计奖一等奖（2010）
4. 天津意式风情区中央商务区："海河杯"天津市优秀工程勘察设计奖一等奖（2013）/ 全国优秀工程勘察设
计行业奖三等奖（2013）
5. 天津美术学院美术馆：全国优秀工程勘察设计行业奖二等奖（2009）/ 国家优秀工程设计银质奖（2009）/
中国建筑学会建国 60 周年建筑创作大奖（2009）
6. 天津泰达城展示中心："海河杯"天津市优秀工程勘察设计奖一等奖（2008）

# 河北省图书馆改扩建工程

设计单位：天津大学建筑学院 AA 创研工作室、河北建筑设计研究院有限责任公司
业主单位：河北省社会公益项目建设管理中心

项目地点：河北省石家庄市
场地面积：33 525 ㎡
建筑面积：42 980 ㎡
设计时间：2006 年
竣工时间：2010 年

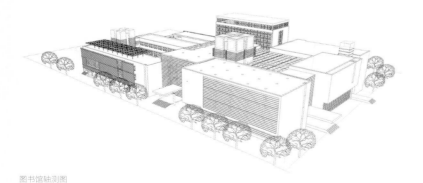

图书馆轴测图

河北省图书馆方案设计依据不同的使用要求安排各种功能空间，以适应读者的多样性，面向社会大众服务。平面布局总体可分为藏书区、公共借阅服务区、读者活动区、数字资源服务区、科学研究服务区、业务与行政办公区和辅助设备用房等七个主要的功能分区。

图书馆的造型设计力图在与环境相协调的基础上，表现出图书馆建筑的性格特征和鲜明的时代特点。建筑外观简洁庄重，同时具有厚重的文化品位和高雅的艺术气质。对于原有建筑以保护为主，采用局部粉刷、外挂玻璃和百叶等处理方法使其与新建筑呼应、统一。

# 金寨华润希望小镇

设计单位：天津大学建筑学院 AA 创研工作室、天津大学建筑设计规划研究总院
业主单位：华润（集团）有限公司

项目地点：安徽省六安市
场地面积：9 400 ㎡
建筑面积：2 761 ㎡
设计时间：2013 年
竣工时间：2015 年

金寨希望小镇地处大别山腹地，规划用地 107.3 公顷，涉及古堂村和松子关村两个自然村约 300 户、1 200 人。设计团队对规划范围内 6 个村落组团的每一栋房子都进行了人口构成调查、建筑测绘、建筑质量评价，并配合相关机构进行环境资源情况评估以及房屋结构鉴定，在此基础上遵循村落演变规律对小镇进行整体规划设计，陆续改建、新建农宅 298 户，新建希望小学、幼儿园、综合服务中心、养老院等公共服务设施，完善市政基础建设和绿色能源供给设施，重塑田园风光和文化特色。

一系列环境整治措施首先保障了小镇良好的生态环境，解决了农民的安居问题，继而通过华润实施的产业帮扶和组织重塑，发展新的农村经济模式和农村治理结构。规模化、现代化的猕猴桃种植产业基地吸引了外出务工的年轻人陆续返乡就业，在自己的家乡实现"生态和谐、安居乐业"的宜居梦想。

总平面图

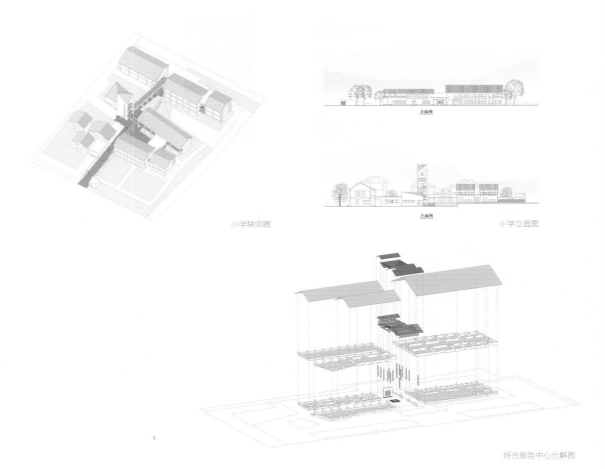

小学轴测图　　　　　　　　　　　　　　　　　　　　小学立面图

综合服务中心分解图

# 天津意式风情区中央商务区

设计单位：天津大学建筑学院 AA 创研工作室、天津市天友建筑设计股份有限公司
业主单位：天津市海河建设发展投资有限公司

项目地点：天津市
场地面积：5 800 ㎡
建筑面积：8 835 ㎡
设计时间：2006 年
竣工时间：2010 年

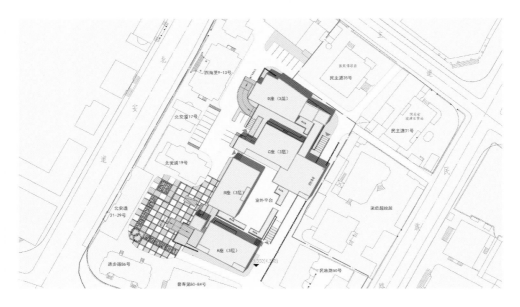

总平面图

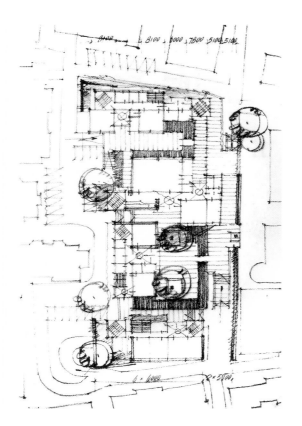

草图

设计兼顾新建筑与历史街区的风貌协调与时代传承。历史街区空间尺度宜人、天际线变化丰富。新建筑采用与老建筑相近的尺度结合广场、窄巷、步道等要素，并尝试以现代建筑语汇对"传统"进行重新诠释。新建筑设半地下层，采用三段式的经典比例与老建筑相呼应；顶层采用平屋顶玻璃幕墙，以虚化的映像弱化新建筑的体量，谦逊低调、卓尔不凡，从而实现新旧建筑的积极对话。

# 曾坚 1980 级

天津大学建筑学院 教授、博士生导师
国家注册规划师
天津市规划设计大师
享受国务院政府特殊津贴专家
第五届、第六届国务院学位委员会学科评议组成员
国家自然科学基金委员会第十一届、第十二届与第十四届专家组专家
中国规划学会第四届常务理事
天津市规划学会城市安全与防灾专业委员会主任委员

1985 年毕业于天津大学建筑系，获工学学士学位
1987 年毕业于天津大学建筑系，获硕士学位
1992 年毕业于天津大学建筑系，获博士学位

1987 年至今任职于天津大学建筑学院

**获奖项目**
1. 河北省阜平县天生桥镇规划设计：天津市优秀城乡规划设计奖一等奖
（2017）
2. 第三届中国绿化博览会（天津）园区设计："海河杯"天津市优秀勘察
设计奖一等奖（2017）
3. 天津贻成豪庭住宅小区：中国土木工程詹天佑设计大奖优秀住宅小区金
奖（2013）
4. 四川省阿坝州汶川县映秀镇渔子溪村震后重建修建性详细规划及建筑设
计：全国优秀村镇规划设计一等奖（2009）
5. "中国当代建筑创作理论研究与应用"：天津市科技进步二等奖（2002）
6. "中国现代建筑史研究"：教育部自然科学奖一等奖（2003）

# 第三届中国绿化博览会（天津）园区配套建筑

设计单位：天津大学建筑设计规划研究总院
业主单位：第三届中国绿化博览会执行委员会

设计团队：曾坚、谌谦、贾珊、任兰红、张彤彤、阮永锦、
曾穗平、赵洋、高伦、杨欣瑞、殷亮、陈静、王子健、郭红云、
李景和、庞巍、马国岭、王丽文、刘小林、闫辉、孙洪绪、
陈自强、崔玉恒、米丽娜、周冬冬

项目地点：天津市
场地面积：3 800 000 ㎡
建筑面积：3 450 000 ㎡
设计时间：2014 年
竣工时间：2015 年

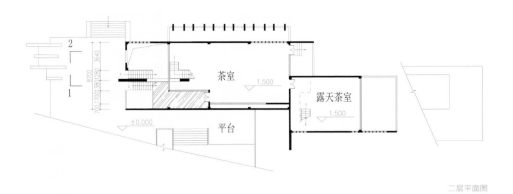

茶室

露天茶室

平台

二层平面图

中国古典园林中的留园、拙政园、个园等的粉墙黛瓦、月亮门等都是蕴含着浓郁的园林建筑气质 的元素，也是茶室设计的灵感来源。该茶室临水而建，结合场地现有的亲水平台设计，采用仿木材质、植草两种形式的大坡屋顶，造型舒展，且视觉效果丰富。该茶室秉承延续江南古典园林建筑遗韵的设计理念，将建筑语言、景观艺术和人文元素有机结合，体现了浓郁的苏式建筑风格，同时也是古典与现代元素交融辉映的有益尝试。设计选取仿木挂板与格栅、仿石材和白粉墙，空间虚实结合，营造出空灵、明丽、充满古典韵味的建筑氛围。

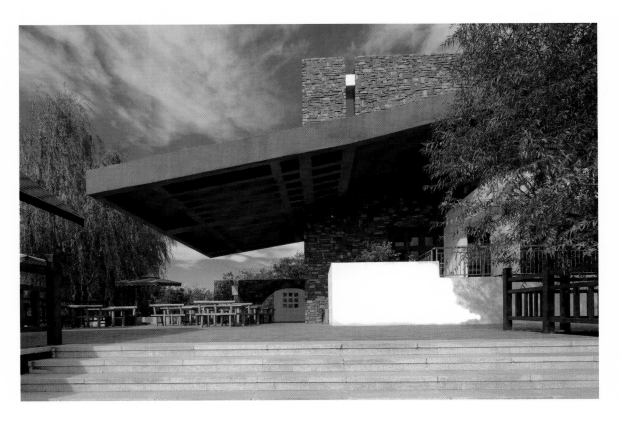

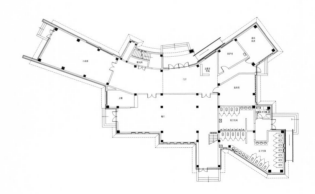

1号服务中心首层平面图

1号服务中心由两个曲线形体量相切、错动构成。不仅在造型上新颖大方，构图上也与周边的场地有良好的呼应。建筑两个曲线形体量在大屋顶下形成了丰富的垂拔空间，丰富了空间。在视觉上开场活泼大方，不同材质的错落交替也让建筑色彩更加具有亲和力和吸引力。大屋顶覆盖下的灵活流动空间，使得游客能在服务中心中最大限度地自由行走，且能使游客间的视线交流最大化。

3 号服务中心位于园区东北角，东临宁波展园、安徽展园，南临上海展园，西北侧被园区水系环抱；建筑延续了原场地的叶状景观设置，结合园区水系，将建筑交错设置，流线状形态与水面、水岸呼应，实现室内景观最大化。

服务中心沿河设置条形长窗，极大利用景色优美的场地条件，竖向的遮阳板丰富立面形成多变的节奏与光影韵律的同时达到降低室内热辐射的作用，体现形式与功能的统一。黑白灰色调的搭配形成明快的建筑氛围。点、线、面的设置实现和谐构图，水平与竖向的综合设计体现舒展又紧凑的构图。

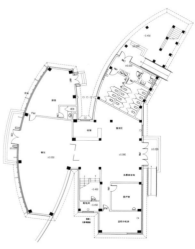

3 号服务中心首层平面图

3 号服务中心由两个曲线形体量沿水面设置，呼应场地曲线，利用周边优美的环境，实现诗意的建筑体验。体量追随功能流线而形成，使得建筑在拥有良好形体的同时不失功能的实用性。服务中心沿河设置条形长廊，极大地利用了景色优美的场地条件。竖向的遮阳板丰富了立面，在形成多变的节奏与光影韵律的同时降低室内热辐射，体现形式与功能的统一。

# 枣庄山亭区翼云阁文化休闲广场景观项目

设计单位：天津大学建筑设计规划研究总院
业主单位：枣庄山亭区文化休闲广场指挥部

方案以反映山亭的历史和地域文化为主线，融汇南北地域建筑风格，涵盖唐汉建筑理念，通过多种隐喻象征手段体现当地文化内涵，传承山亭地区历史文化内涵的同时也体现出山亭区发展的时代风貌，做到传承与创新并重。翼云阁的建筑风格可以用"鲁南精神、山亭底蕴、汉唐风骨、明清装饰、翼云形象"二十字高度概括。

设计团队：曾坚、洪再生、谌谦、殷亮、张威、伍江、徐嵩、
曾穗平、张晓建、于泳、马国岭、冯卫星、王皓、崔玉恒、
邢程、马海民、周冬冬
项目地点：山东省枣庄市

场地面积：209 000 ㎡
建筑面积：6 690 ㎡
设计时间：2012 年
竣工时间：2014 年

# 郭建祥 1980 级

华东建筑设计研究院有限公司 总建筑师
教授级高级工程师

1985 年毕业于天津大学建筑系，获工学学士学位
1987 年毕业于天津大学建筑系，获工学硕士学位

1987 年至今任职于华东建筑设计研究院有限公司

**代表项目**
虹桥机场 T1 航站楼改造 / 龙阳路磁悬浮车站 / 港珠澳大桥珠海口岸 / 港珠澳大桥澳门口岸 / 浦东国际机场卫星楼 / 乌鲁木齐国际机场改扩建工程

**获奖项目**
1. 虹桥机场 T1 航站楼改造：上海市建筑学会建筑创作奖优秀奖（2017）
2. 南京禄口机场二期工程：亚洲建筑师协会建筑奖提名奖（2016）/ 全国优秀工程勘察设计奖行业奖（2017）/ 上海市优秀工程设计奖一等奖（2015）/ 上海市建筑学会建筑创作奖优秀奖（2015）
3. 浦东国际机场二期 T2 航站楼：全国优秀工程设计金奖（2015）/ 全国优秀工程勘察设计奖行业奖一等奖（2010）/ 中华人民共和国建国 60 周年建筑创作大奖（2009）
4. 上海虹桥综合交通枢纽：全国优秀工程勘察设计行业奖建筑工程类一等奖（2011）/ 上海市优秀设计奖一等奖（2011）
5. 上海市磁悬浮快速列车示范运营线工程龙阳路车站：上海市建筑学会建筑创作奖优秀奖（2006）/ 全国第十一届优秀工程设计奖铜奖、建设部优秀勘察设计奖二等奖（2004）/ 上海市优秀工程设计奖一等奖（2003）
6. 上海浦东机场工程（合作）：全国第十届优秀工程设计金质奖（2002）

# 浦东国际机场二期 T2 航站楼

设计单位：华东建筑设计研究院有限公司
业主单位：上海机场（集团）有限公司

设计团队：郭建祥、高文艳、黎岩、付小飞、夏崴 等
项目地点：上海市
项目规模：546 400 ㎡
设计时间：2004 年
竣工时间：2008 年

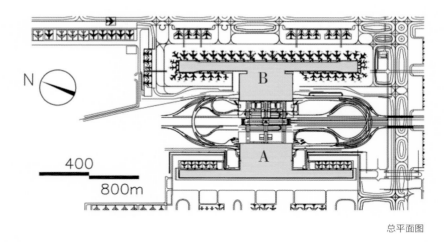

总平面图

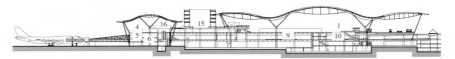

剖面图

浦东国际机场二期工程建设总目标是建设东亚地区国际枢纽型航空港，T2 航站楼可以处理年旅客量：主楼部分为 4 000 万人次，长廊部分为 2 200 万人次。T2 航站楼的整体造型延续了原 T1 航站楼的基因，以连续大跨度的曲线钢屋架为主要造型元素，形成"比翼双飞"的航站区完整形象。

为了满足强大的枢纽运作功能，候机长廊创造性地设计了三层式的候机模式和多至 26 个可转换机位，能够更好地适应航空公司的中枢运作需要，并能适应国际与国内中转旅客较多和国际与国内航班错峰的特点，提高了可转换机位的使用效率。在 T1、T2 航站楼及中央轨道交通站之间建立"三横三纵"交通换乘中心步行系统，T2 航站楼旅客到达迎客大厅与交通换乘中心的步行通道布置在一个标高平面，实现了旅客无缝平层换乘各类交通工具的人性化目标。

# 上海虹桥综合交通枢纽

设计单位：华东建筑设计研究院有限公司
业主单位：上海机场（集团）有限公司、申虹公司等

设计团队：郭建祥、高文艳、郭炜、赵伟樑、夏崴、
付小飞、黎岩、纪晨、冯昕、张宏波、谢曦 等
项目地点：上海市
项目规模：1 400 000 ㎡
设计时间：2006 年
竣工时间：2010 年

上海虹桥综合交通枢纽集航空、城际铁路、高速铁路、轨道交通、长途客运、市内公交等64种连接方式、56种换乘模式于一体，旅客吞吐量110万人次/天，是当前世界上最复杂、规模最大的综合交通枢纽。

设计本着换乘量"近大远小"的原则水平布局；按"上轻下重"的原则垂直处理轨道、高架车道及人行通道的上下叠合关系；以换乘流线直接、短捷为宗旨，兼顾极端高峰人流疏导空间的应急备份，最终形成水平向"五大功能模块"（由东至西分别是虹桥机场T2航站楼、东交通广场、磁悬浮车站、高铁车站、西交通广场）以及垂直向"三大步行换乘通道"（12米出发换乘通道、6米机场到达换乘通道、负9米地下换乘大通道层）的枢纽格局。其中虹桥机场T2航站楼采用前列式办票柜台、前列式安检区、指廊式候机区。旅客等候空间适宜，流程便捷，方向明确，步行距离短。商业空间与旅客流程结合紧密，相得益彰。

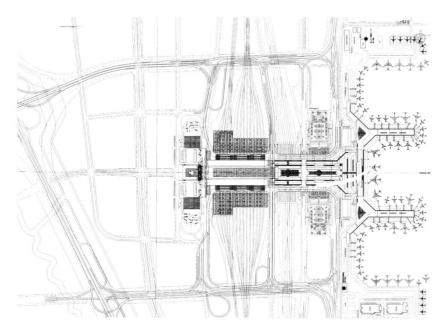

总平面图

# 南京禄口机场二期工程

设计单位：华东建筑设计研究院有限公司
业主单位：南京禄口机场二期工程指挥部

设计团队：郭建祥、夏崴、冯昕、吕程、付小飞、
戴颖君、杨杰 等
项目地点：江苏省南京市
项目规模：430 000 ㎡
设计时间：2010 年
竣工时间：2014 年

南京禄口机场二期工程满足本期新建航站楼 1 800 万年旅客吞吐量的设计目标，有助于其实现"中国大型枢纽机场、航空货物和快件集散中心"这一战略目标。它包含三大主体工程（T2 航站楼、交通中心及车库），是江苏省委、省政府的重点工程，是第二届青奥会的重要配套工程。

T2 航站楼以谦逊的布局构型保留了 T1 航站楼的中轴线地位，通过交通中心与 T1 航站楼构成延展界面，形成新老过渡、和而不同的航站区立面形象。功能布局充分考虑了不同旅客高峰时段变化的需求，并适应其运营的灵活性及拓展性，从旅客步行距离、值机柜台等多个方面为旅客打造一流的旅行体验。

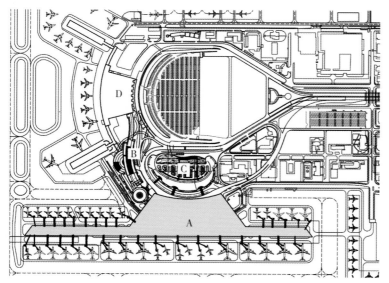

A. T2 航站楼；B. 交通中心；C. 车库；D. T1 航站楼

首层平面图

航站楼主楼、长廊采用一体化造型，暗喻南京文化遗产——律动的云锦。车库造型恰如一块珠圆玉润的雨花石。南京古城墙的元素应用于交通中心的外立面设计，4 片弧形片墙穿插层叠，形成富有韵律且有历史感的外观形象。工程技术创新层面，设计方独创双层屋面系统，已成功申请专利，并获得绿色三星标识。

# 李雄伟 1980 级

中国建筑西南设计研究院有限公司 副总建筑师
四川省工程设计大师
中国建筑学会资深会员、专家库专家
中国建筑学会建筑防火综合技术分会理事
四川省建筑规划委员会专家
重庆市建筑规划委员会专家

1984 年毕业于天津大学建筑系，获工学学士学位

1984 年至今任职于中国建筑西南设计研究院有限公司

**代表项目**
重庆医科大学江南医院 / 重庆市第五人民医院 / 重庆茶园新区文化艺术中心 / 遵义市青少年宫 / 成都信息工程学院图书馆 / 成都理工大学研究生院 / 成都赛门铁克科技园 / 重庆财富中心 FFC/ 遵义宾馆改扩建工程 / 遵义湄潭圣地皇家金熙酒店 / 成都万达广场锦华城 / 贵州花果园贵阳街 / 遵义市中建幸福城 / 重庆市金州苑

**获奖项目**
1. 重庆日报报业大厦：重庆市优秀工程勘查设计奖二等奖 (2017)
2. 重庆紫御江山：四川省优秀工程勘查设计奖二等奖 (2016)
3. 重庆巴南万达广场：重庆市优秀工程勘查设计奖二等奖 (2016)
4. 重庆龙湖时代天街：重庆市优秀工程勘查设计奖二等奖 (2015)
5. 重庆万州万达广场：重庆市优秀工程勘查设计奖一等奖 (2014)
6. 遵义市科技馆：成都市优秀原创方案奖一等奖 (2012)
7. 成都市药检所：四川省优秀工程勘查设计奖一等奖 (2007)
8. 上海海丽花园：中国建筑优秀工程勘查设计奖二等奖 (2001)

# 遵义市劳动人民文化宫

设计单位：中国建筑西南设计研究院有限公司
业主单位：遵义市新区开发投资有限责任公司

设计团队：李雄伟、温江、高婧、何建波
项目地点：贵州省遵义市
场地面积：6 400 ㎡
建筑面积：3 0000 ㎡
设计时间：2013 年
竣工时间：2017 年

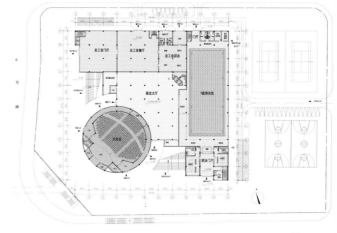

劳动人民文化宫为遵义市新蒲新区十大标志性建筑之一，建筑基地位于遵义市新蒲新区一号路和六号路交会处。建筑内含办公、培训、演艺、会议、体育训练等多种功能，总建筑面积约 3 万平方米。

该项目地块形状较为规整，为东西长、南北短的矩形，且位于高新快线与 6 号线的交叉口，地理位置及景观视线极其优越。为了规避两侧道路对项目的影响，设计采用圆形的会议厅过渡，使两侧来往车流、人流视线缓和过渡。主楼呈三角形，与圆形的会议厅对比形成视觉上的冲击感。

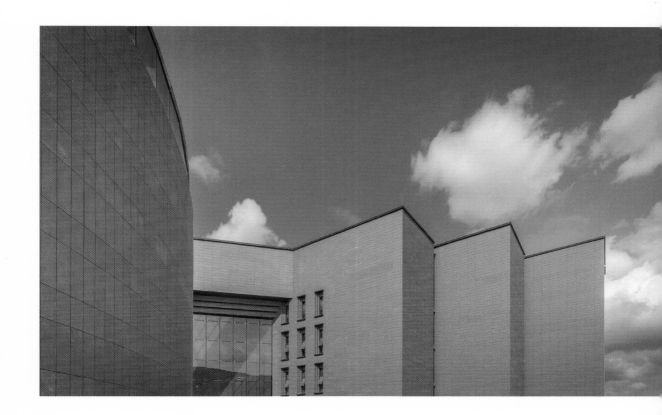

方案以圆和三角形为母题，力图打造一个简洁、大方的文化宫形象。建筑形态顺应基地特征，使之融入城市环境中。环境布置设计与主体建筑空间组合协调，强调功能合理的同时更好地体现建筑与城市的有机关系。项目由一栋主楼（三角形）和一栋副楼（圆形）组成，其中主楼高五层，设计有工人长征运动展览馆、游泳馆、棋牌室、舞蹈室、活动室、办公室等；副楼高两层，其中一楼为小型会议室，二楼为大型会议室。

造型设计充分考虑建筑的时代性、地域性、人文性，严肃与活泼并重，以一个谦虚而又不失个性的姿态展现于城市之中。立面设计庄重大方，虚实对比的处理增强了建筑的体积感。项目建成投入使用后，它不仅是工会服务职工的阵地和窗口，也是遵义市发挥教育、宣传、娱乐、组织、服务功能的一流的职工培训基地、文化活动乐园和"职工之家"。

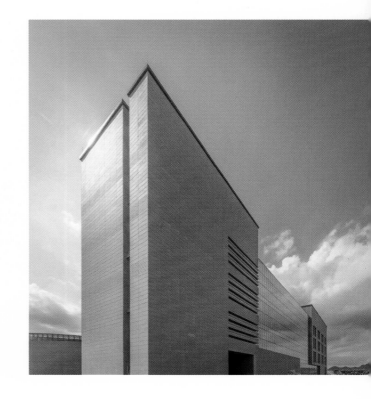

# 遵义湄潭圣地皇家金熙酒店

设计单位：中国建筑西南设计研究院有限公司
业主单位：遵义市通途公路建设开发投资有限责任公司

设计团队：李雄伟、温江、郭艳梅、何建波
项目地点：贵州省遵义市
场地面积：30 880 ㎡
建筑面积：65 000 ㎡
设计时间：2015 年
竣工时间：2017 年

总平面图

湄潭圣地皇家金熙酒店位于被誉为"贵州茶业第一县"和"云贵小江南"之称的遵义市湄潭县，地处湄江镇大林路与天文大道交叉路口，紧靠湄江滨河景区，地理位置十分优越。酒店被蜿蜒清澈的湄江围绕，后临贵州省最大的音乐喷泉和最大的茶产业会展中心，紧靠国际温泉度假城和湄江滨河景区，青丘起伏，环境优美。

项目主要由酒店A区（政务）、酒店B区（商务）组成。方案构思在结合环境的基础上力图营造一个高品质、现代化的具有优良环境的温泉酒店建筑群，实现既具有地域特色、又创新的建筑风格设计。设计强调功能合理，体现"以人为本"的思想，并充分考虑空间环境和视觉环境，使建筑融于城市和环境。空间形态顺应北高南低、局部起伏变化的城市空间，项目通过建筑高度的变化，在主要城市界面形成错落有致、韵律感十足的天际轮廓线。

作为遵义市首家国际五星级奢华商务旅游酒店，酒店设有包括江南别苑在内的 264 间（套）豪华雅致的客房及别墅，设中、西式风格各异的餐厅与环境优雅的大堂，拥有设备精良的多功能宴会厅及满足各类规模的会议室，具有时尚的室内游泳池、健身房、瑜伽室等。

立面造型利用中西合璧的设计手法，庄重大方、精致典雅。高低错落的群体处理使得建筑充满了多样性和体量感。环境设计结合优美的湄江风光，基地内以广场与建筑间隙边缘绿化相结合的方式进行组织，还精心布置了小亭、花架、雕塑、草坪灯、装饰路灯、室外座椅、水景等。整个环境显得精致、典雅，处处体现人性化设计理念，洋溢着温馨和典雅的气氛。

# 李子萍 1980 级

中国建筑西北设计研究院有限公司 总建筑师
教授级高级建筑师、国家一级注册建筑师
西安交通大学、西安建筑科技大学、西北工业大学兼职教授
香港建筑师学会会员
中国建筑学会建筑师分会第六届理事
中国建筑师分会教育建筑专业委员会委员
中国建筑学会地下空间学术委员会常务理事
国家"卓越工程师教育培养计划"建筑学专业专家
全国高等学校建筑学专业教育评估委员会第三届、第四届、第五届委员
中国建筑学会教育与职业实践工作委员会第十届、第十一届委员

1984 年毕业于天津大学建筑系，获工学学士学位

1984 年至今任职于中国建筑西北设计研究院有限公司

## 获奖项目

1. 西安爱家朝阳门广场：陕西省优秀工程设计一等奖（2017）
2. 国家级眉县猕猴桃批发交易中心：陕西省优秀工程设计二等奖（2017）
3. 西安市胸科医院：陕西省建筑专项工程设计二等奖（2016）
4. 西北工业大学附中高中部迁建项目：陕西省优秀工程设计一等奖（2015）/ 陕西省建筑专项工程设计一等奖（2016）
5. 西北工业大学长安校区游泳馆：陕西省优秀工程设计二等奖（2011）/ 全国优秀工程勘察设计行业奖建筑工程三等奖（2012）
6. 杨凌职业技术学院：陕西省优秀工程设计一等奖（2013）
7. 西北工业大学长安校区 17-1 学院楼：陕西省优秀工程设计二等奖（2009）/ 全国优秀工程勘察设计行业奖建筑工程类三等奖（2009）
8. 西安交通大学教学主楼：中建总公司优秀方案设计一等奖（2004）/ 国家优秀工程银质奖（2007）/ 陕西省优秀工程设计一等奖（2008）/ 全国优秀工程勘察设计行业奖建筑工程类三等奖（2008）
9. 西北工业大学长安校区 15-2 教学楼：国家优秀工程银质奖（2008）/ 陕西省优秀工程设计三等奖（2008）
10. 西北工业大学长安校区总体规划及单体设计：中建总公司优秀方案一等奖（2005）

# 渭南职业技术学院图书馆

设计单位：中国建筑西北设计研究院有限公司
业主单位：渭南职业技术学院

设计团队：李子萍、王海旭、郝缨、王敏
项目地点：陕西省渭南市
场地面积：17 584 ㎡
建筑面积：28 300 ㎡
设计时间：2012 年
竣工时间：2017 年

西南向鸟瞰图

渭南职业技术学院图书馆藏书 90 万册，建成后可同时容纳 12 000 人在馆内阅览学习。馆内除设置图书馆的各项功能外，还设有自习阅览室、艺术馆、校史馆、医史馆以及会议中心等功能，是一座拥有复合功能的中型图书馆。

图书馆平面为倒"日"字形，一层南侧裙房内布置艺术馆、校史馆和医史馆，各馆均设有独立出入口，方便使用，互不干扰。一层中部为报告厅，北侧为内部管理用房。二层中部为综合服务大厅，围绕大厅布置自习阅览室、会议中心和电子阅览室，通过不同方向的室外绿化台阶均可方便地到达二层屋面平台，室外平台为各部分提供单独的出入口，使各部分功能用房在未开馆时也能提供服务。三层以上均为开架阅览室。

设计在教育建筑的地域性表达上进行了初步的尝试和探索，充分利用两个室外庭院进行自然采光通风。建筑的功能布局和形态构成契合建筑基址的风土气候、校园建设情况以及当地较低的技术经济能力，努力采用低成本、低技术措施创造高品质建筑空间。通过对关中民居"房子半边盖"的单坡屋顶形式进行符号演绎，对传统门窗图案进行抽象提取，形成具有文化传承性和时代感的建筑形态。

# 西安爱家朝阳门广场

设计单位：中国建筑西北设计研究院有限公司
业主单位：西安爱家实业有限公司

陕西省优秀工程设计一等奖（2017）

设计团队：李子萍、张鹏、林杨
项目地点：陕西省西安市
场地面积：3 3367 ㎡
建筑面积：233 495 ㎡
设计时间：2012 年
竣工时间：2015 年
摄影：王东

本项目建设基址临近著名的西安明城墙及朝阳门，交通便利，位置显要，规模庞大，功能复杂，建成后成为西安市新城区朝阳门外最重要的商业和景观节点。建筑采用对立统一的城市设计手法，打造朝阳门广场城市商业亮点。项目西、北方向紧临城市主干道，尽可能退让红线，和环城公园结合形成市民广场，成为朝阳门内外周边高密度商业片区的衔接枢纽。项目临近明城墙和环城公园，设计师将建筑形体由西向东层层退台，形成递进韵律，采用虚实对比手法将庞大体量消解为若干水平展开的、与明城墙尺度相似的简洁体块。设计不简单模仿大屋顶，力求风格对立统一，充分利用钢、玻璃、混凝土等现代建筑材料和语言，追求神似。灰色玻璃幕墙与古城墙灰砖形成了对比与呼应，单向轻钢龙骨划分与城墙排砖的横向肌理形式一致。城墙倒映在本建筑上呈现出新旧相生的特殊效果，将古建筑的影响范围从护城河对岸延伸至商业中心，使两者相得益彰。

# 国家级眉县猕猴桃批发交易中心

设计单位：中国建筑西北设计研究院有限公司
业主单位：国家级眉县猕猴桃产业园管委会

陕西省优秀工程设计二等奖（2017）

设计团队：李子萍、杜波、王海旭
项目地点：陕西省宝鸡市
场地面积：10 697 ㎡
建筑面积：34 000 ㎡
设计时间：2013 年
竣工时间：2016 年

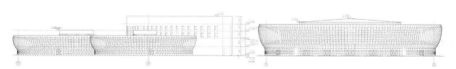

南立面图

建筑造型与景观设计积极响应弧线围合而成的场地形态，利用滨河开阔的自然环境，将五种尺度不一的圆形体块和弧形主楼有机组合，既保证了报告厅、科技研发中心、会议接待中心、信息检测中心、交易服务中心、会展中心六种不同功能空间均可各自独立使用，又共同围合出新月形广场。自由的形体柔化了建筑边界，与水系广场融为一体，利用传统造型手法塑造别致的景观建筑群，有效降低造价。设计以多技术的手段和被动式技术打造绿色建筑，五个圆形体块的内部空间均为外周用房围绕中心通高中庭布置，使所有用房均可自然采光通风，通高中庭均设置高侧窗采光，利用烟囱效应加强自然通风，除会展中心和报告厅外，均未设中央空调，有效降低了日常使用能耗。

# 荆子洋 1981 级

天津大学建筑学院 建筑系主任、教授
天津大学建筑学院建筑创作中心主任
中国建筑学会建筑师分会建筑策划专业委员会委员

1985 年毕业于天津大学建筑系，获工学学士学位
1988 年毕业于天津大学建筑系，获工学硕士学位

1988 年至今任职于天津大学建筑学院

**代表项目**
天津临港经济区商务大厦 / 霸州规划馆 / 西安交通大学青岛研究院

**获奖项目**
1. 天津大学北洋园校区行政管理中心："海河杯"天津市优秀勘察设计奖一等奖（2017）
2. 天津广播电台数字传媒大厦："海河杯"天津市优秀勘察设计奖一等奖（2016）
3. 保定市公安局："海河杯"天津市优秀勘察设计奖三等奖（2016）
4. 天津滨海临空产业园 EOD 总部港："海河杯"天津市优秀勘察设计奖一等奖（2014）

# 天津大学北洋园校区行政管理中心

设计单位：天津大学建筑学院
业主单位：天津大学

设计团队：天津大学建筑学院建筑设计研究中心第十工作室、
天津大学建筑设计规划研究总院设计四院 工程主持人张键
项目地点：天津市
场地面积：21 394 ㎡
建筑面积：27 757 ㎡
设计时间：2012—2014 年
竣工时间：2015 年

天津大学北洋园校区行政管理中心位于校前区与教学区之间的过渡区域。设计强调人文性和时代性,在兼顾整个校区风格的同时,又以现代化的造型语言来塑造诗意的空间图景。设计注重地域性和生态性,力争体现天津大学百年老校的悠久底蕴及标志性时代特征。

该项目有三个设计特点。第一是设计师引入"柱林"的概念,寓意"十年树木,百年树人",赋予了建筑仪式感和标志性,前庭缓冲空间烘托了独特的建筑氛围。从行政管理中心前开阔的广场经过柱廊、前庭进入门厅,通过景观楼梯到达茶歇及各办公区域,形成"开敞—半开敞—封闭"的空间序列。第二是设计以合理的柱网结构为基础,空间规整且灵活,以较为规整的楼梯位置划分出单元式的模块组合,使建筑条理清晰,功能划分及流线组织有序、明确,体现理性设计的科学性。第三是用景观楼梯将四层交通串联起来,行走的人流结合顶部天窗的光影变换,获得步移景异的空间体验,楼梯从下至上根据人流变少而梯段变窄,既经济又便捷。

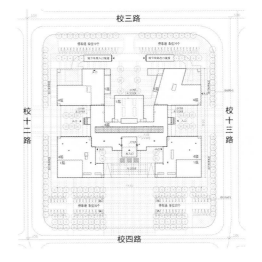

总平面图

# 天津广播电台数字传媒大厦

设计单位：天津大学建筑学院
业主单位：天津广播电视传媒集团有限公司

设计团队：天津大学建筑学院建筑设计研究中心第十工作
室、天津市建筑设计院设计一院 工程主持人 王彤
项目地点：天津市
场地面积：17 897.56 ㎡
建筑面积：64 720.9 ㎡
设计时间：2011 年
竣工时间：2015 年

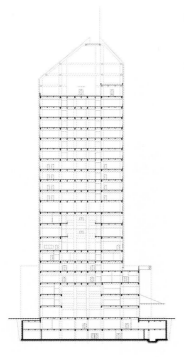

剖面图

针对该项目，设计师尊重原规划中的建筑布局和现有建筑，从现状环境出发，考虑形体的有序变化、协调平衡。设计师结合现有建筑的定位与地形，对建筑采取沿南北向展开布置的方式，增加了南向采光面。裙房中设有文化展示长廊，将天津大学校园主轴线引入建筑内部，与天津大学遥相呼应。主楼制高点布置在沿街裙房之后，减少了高层建筑对道路的压迫感，并使得建筑物在卫津路上退让出合理的观赏距离，从而呈现出独立完整的面貌。总平面各体量入口布局合理，节目制作、行政办公、接待服务均有明显且与功能相匹配的位置。主入口设在进入基地的主道路一侧，具有便捷可达性与入口标识性；次入口位于北侧。

建筑使用疏朗大气的体量和华而不奢的清新形象，彰显地标性，在形体处理上用统一的线条呈升腾之势包裹整体，形体在平面和立面上都进行了切削变化呼应毗邻建筑，通过共同的切削变化，营造向上升起之势，广播电台作为大众传媒，通过声音将信息传递给社会大众，故在建筑立面设计中，抽取声音的特征作为建筑设计概念来源，以声音频谱和管风琴的组群及竖线条形式作为建筑立面设计母题，展现建筑挺拔高耸的形象特征，同时参差灵动的线条彰显时代特征。

# 天津临港经济区商务大厦

设计单位：天津大学建筑学院
业主单位：天津临港经济区投资置地有限公司

设计团队：天津大学建筑学院建筑设计研究中心第十工作室
天津大成国际建筑设计有限公司 工程主持人 刘树焕
项目地点：天津市
场地面积：22 904.4 ㎡
建筑面积：64 474.74 ㎡
设计时间：2014—2015 年
竣工时间：2016 年

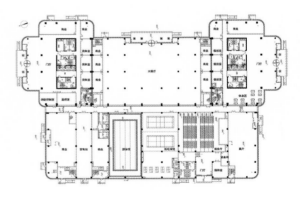

首层平面图

临港经济区商务大厦项目位于天津市临港经济区。建筑立面采用古铜色金属材料，在颜色上呼应周边地块以红砖为主的立面材料，具有庄重大气之感，又极富现代气息，在城市中形成独特的标志性。立面具有丰富的光影效果，既有金属构件与幕墙玻璃的反光，又有构件与玻璃幕墙面形成的深浅不一的影子，使立面层次更加丰富。立面的横线条保证了室内的采光需要，室内明亮，办公人员视线开阔。标准层的功能较为灵活，可以进行不同的分隔，以满足不同的办公需要。

# 西安交通大学青岛研究院

设计单位：天津大学建筑学院
业主单位：西安交通大学

设计团队：天津大学建筑学院建筑设计研究中心第十工作室、
天津大学建筑设计规划研究总院设计二院 工程主持人 高伦、房晶辉、沈彬
项目地点：山东省青岛市
场地面积：139 993 ㎡
建筑面积：214 446 ㎡
设计时间：2012—2013 年
竣工时间：2015 年

西安交通大学（简称西安交大）青岛研究院的规划用地按照不同的功能要求分为教学区、科研区、生产区、生活区四大部分。教学区位于校园的南部，学院以院落式建筑布置，沿滨河景观形成基地南部的景观视觉中心。

山东是孔子故里，西安交大为百年学府，其青岛研究院必将在发扬西安交大优良传统的基础上吸取儒学之精华，孕育创新之未来。青岛位于黄海之滨、胶州湾畔，蕴含着深厚的海洋文化，因此设计师力争在设计中充分体现海洋文化的包容与智慧。建筑群采用了变换的形体，多种材料相互关联、兼容并蓄、和而不同，正所谓海纳百川、有容乃大。

设计以全新的方式诠释传统学院建筑，大面积灰色面砖彰显学院风范，结合浅色石材相互对比，将建筑体量分为三段，中间以简洁竖向线条相连，象征西安交大"天地交而中外通"的精神理念，以多层次立体式新型交往空间演绎传统庭院空间特点，创造了交流、共享、舒适的学术氛围。同时设计师秉承交大校训，追求细节，精益求精，用灰砖和白色石材打磨出精致的细部，用变换的体量创造出宜人的尺度，用简洁大气的手法营造出恢弘的气度，使传统学院气质与现代科技感融合而实现完美的统一。

总平面图

# 于一平  1981 级

中国中元国际工程有限公司 总建筑师
研究员级高级工程师
国家一级注册建筑师
国家注册咨询工程师
享受政府特殊津贴专家
国防科技工业有突出贡献中青年专家
全国工程勘察设计行业奖评审专家
北京市建设工程勘察设计评标专家
中国建筑学会理论与创作委员会学术委员
中国建筑学会工业遗产学术委员会学术委员
中国建筑学会城市设计分会理事
北京工业大学兼职教授
北京建筑工程学院硕士生联合导师

1985 年毕业于天津大学建筑系，获工学学士学位
2002 年毕业于清华大学建筑学院，获建筑学硕士学位
2005—2006 年英国谢菲尔德大学，访问学者

1985—2009 年任职于中国航空工业规划设计研究院
2009 年至今任职于中国中元国际工程有限公司

## 代表项目
株洲大剧院 /FAST 工程观测基地 / 中白工业园商贸物流园首发区项目

## 获奖项目
1. 河南艺术中心：中国航空建设协会优秀工程一等奖（2009）/ 全国
优秀建筑工程三等奖（2009）/ 第九届中国土木工程詹天佑奖（2010）
2. 上海飞机制造厂 205 技术综合楼：中国航空建设协会优秀工程一等
奖（2009）

# FAST 工程观测基地

设计单位：中国中元国际工程有限公司
业主单位：中国科学院国家天文台

设计团队：于一平、李凯、马婕
项目地点：贵州省黔南布依苗族自治州
场地面积：14 000 ㎡
建筑面积：7 800 ㎡
设计时间：2014 年
竣工时间：2017 年
摄影：楼洪忆

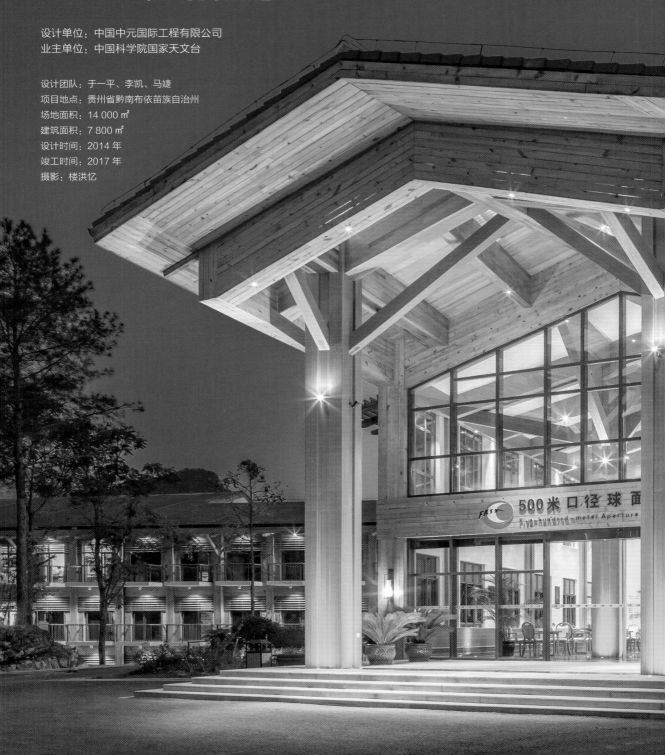

本工程是为国家天文台 FAST（500 米口径球面射电望远镜）工程配套建设的观测基地。项目位于贵州省黔南布依族苗族自治州平塘县大洼凼地区，主要包括为 FAST 配套的科研办公楼、接待客房、员工宿舍等三大功能。基地选址地处谷地，视野开阔，四周的山坡均为大片浓密的松林，地面由裸露的喀斯特地貌岩石和丰富的绿草植被组成。基地内自然高差在 12 米左右，场地中央有一处 10 米深的小窝凼。

这是一个在深山密林中的科研基站，远离城镇，没有手机信号，没有WiFi，甚至没有电视信号，处于一种与现代信息化社会"隔绝"的状态。不管是科学家、研究员，还是普通员工，甚至厨师、服务员，大家都处于一种"同质"的生活状态，需要办公、客房、宿舍三位一体。这里没有严格意义上的上班、下班，一个空间要容纳生活的全部内容，其建筑造型的取向无法偏向任何一种建筑类型。

于是，设计方提出"合家"这一设计理念，让"聚合"在这里的人们形成一个"大家庭"，找到一种"家"的归属感。建筑结合场地中央的小窝凼进行围合布局，平面因山就势呈现不规则的五边形，中间形成下沉内院，整体布局自由灵活。建筑造型汲取了贵州民居的设计语言，以木质构架为主要特点，采用吊脚楼的形式，减小体量，让建筑隐于环境中，打造出一个山里的自然的建筑。

# 河南艺术中心

设计单位：中国航空工业规划设计研究院
业主单位：河南省文化厅

中国航空建设协会优秀工程一等奖（2009）、全国优秀建筑工程
三等奖（2009）、第九届中国土木工程詹天佑奖（2010）

设计团队：于一平、刘惠瑗、盛文革、林嵘、康琳
项目地点：河南省郑州市
场地面积：100 000 ㎡
建筑面积：77 400 ㎡
设计时间：2004—2005 年
竣工时间：2008 年

作为一座剧院建筑，河南艺术中心早已超出了观演场所的概念。作为郑州市 CBD 核心区的标志性建筑，它已经融入城市发展这个更大的主题之中，代表着一个城市、一个社会的追求与进步。河南艺术中心的建成，不仅带动了其周边地区房价的飞升，更带动了 CBD 核心区城市文化品位的提升，突显出其强大的社会效益。如果说 CBD 核心区是一首传承古今的交响乐，那么河南艺术中心无疑是其中最华美的乐章。河南艺术中心在建筑设计上并没有采用被许多建筑师奉若经典的简约手法，用单一的几何形体去包容繁复的建筑功能，而是从城市设计的角度出发，以一条垂直于中心湖岸的轴线（Y 轴）为中心线，将五大建筑功能设计成独立的五个不规则的椭球体，以两片舒展的弧形"艺术墙"将五个椭球体分为南北两个区，组合成放射状的蝶形建筑群。

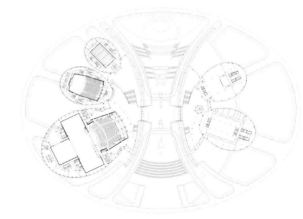

北区为大剧院、音乐厅及小剧场，南区为美术馆和
艺术馆。五个椭球体的长轴汇集于一个中心，南北
两个区各有一个共享大厅组织交通，共享大厅一侧
依托艺术墙，另一侧承接五个椭球体的穿插，空间
布局紧凑，造型虚实结合，形成强烈的向心感。

首层平面图

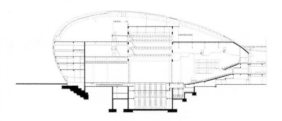

剖面图

# 赵晓东 1981 级

澳大利亚柏涛建筑设计咨询有限公司 董事、首席建筑师
国家一级注册建筑师

1985 年毕业于天津大学建筑系 获工学学士学位
1987 年毕业于天津大学建筑系 获工学硕士学位

1985—1989 年任职于天津大学建筑系
1989—1996 年任职于机械工业部深圳设计研究院
1997—2000 年任职于澳大利亚 TMG( 现为 Architectus) 建筑设计集团、
澳大利亚 HIGHTRADE 公司
2000 年至今任职于澳大利亚柏涛建筑设计咨询有限公司

**代表项目**
深圳华侨城波托菲诺・纯水岸 / 北京中粮祥云国际小区规划及建筑设计 / 成
都 24 城一期规划及建筑设计 / 北京、成都华润橡树湾 / 华润小径湾规划与
建筑设计 / 南宁幸福里规划及建筑设计 / 澳大利亚悉尼 HIGHPORT 项目建
筑设计 / 港中旅燕郊项目总体规划及艺术中心建筑设计 / 华润银湖蓝山居住
区及综合体规划及建筑设计

**获奖项目**
1. 黄山置地・黎阳 IN 巷:中国人居典范规划与建筑金奖 (2008)/ 香港建筑
师学会两岸四地建筑设计论坛及大奖"商场 / 步行街组别金奖"(2015)
2. 南宁李宁体育园:全国优秀工程勘察设计奖建筑工程公建类一等奖 (2013)
3. 深圳万科第五园:中国建设部 2004 中国创新示范住宅综合大奖 (2004)/
中国建设部首届中国建筑文化斗拱奖 (2006)/ 深圳市第 12 届优秀工程勘察
设计奖住宅建筑一等奖 (2007)

# 华润银湖蓝山居住区

设计单位：澳大利亚柏涛建筑设计咨询有限公司
业主单位：华润（深圳）地产发展有限公司

设计团队：赵晓东、侯其明、滕怡、张伟峰
项目地点：深圳市
场地面积：58 750 ㎡
建筑面积：382 000 ㎡
设计时间：2012 年
竣工时间：2013 年

本项目地处深圳银湖片区，毗邻笔架山郊野公园和银湖水库，山景资源丰富，是集合商业、公寓和住宅的商住综合项目，限高 100 米。设计充分利用银湖山的自然景观，通过规划中打开的视线景观通廊，将外部景观资源引入小区内部，创造"不离红尘外，自在山水间"的居住体验。地块总体布置成五栋板式、三栋点式的格局，板点结合的布局减少了空间上的压抑感，并使庭院景观与山景相互交融。设计充分利用山地高差将小区庭院抬高，形成高台府邸。

# 杭州中旅紫金名门商业街

设计单位：澳大利亚柏涛建筑设计咨询有限公司
业主单位：香港中旅地产发展有限公司

设计团队：赵晓东、张伟峰、白英奎
项目地点：浙江省杭州市
场地面积：14 100 ㎡
建筑面积：10 000 ㎡
设计时间：2013 年
竣工时间：2016 年

港中旅杭州紫金名门商住项目位于杭州市西湖区三墩镇，商业街是其配套商业设施，北临五里塘河，内街商业空间与滨河岸开放空间沿河道交替并行，内街高于河岸半个层高。沿河建筑南北两侧入口错层而设，增强了由内街向河岸的空间引导。建筑虽一字排开，但不失空间形态的丰富多姿。建筑立面的很大部分被特别定做的铝合金空心"方砖"构成的镂空墙面所覆盖，并和通透的玻璃幕墙相互映衬。现代的材料和构成方法表现出传统江南建筑的特定意境。沿河建筑顶部结合商业功能设置了多个四面玻璃的"光盒"，强化了沿河建筑的空间节奏感。晚间"光盒"被点亮，并配以透过镂空花墙的点点灯光，在河水的辉映下，整条商业街熠熠生辉。

# 周 恺 1981 级

天津华汇工程建筑设计有限公司 总建筑师
天津大学建筑学院 教授、博士生导师
全国工程勘察设计大师
中国建筑学会常务理事
中国建筑学会建筑理论与创作委员会委员
天津市规划委员会建筑艺术委员会委员
《世界建筑》《城市·环境·设计》等多家建筑学术杂志编委

1985 年毕业于天津大学建筑系，获工学学士学位
1988 年毕业于天津大学建筑系，获工学硕士学位
1990—1992 年进修于德国鲁尔大学建筑工程系

1988—1990 年任职于天津大学建筑系
1995 年至今任职于田天津华汇工程建筑设计有限公司

## 代表项目

中国人民解放军总医院门急诊综合楼（北京 301 医院）/ 北京前门大街商业街区 / 中国银行天津分行 /
中国工商银行天津分行 / 天津于家堡金融区 03-08 地块英蓝大厦 / 天津于家堡金融区 03-16 地块 /
天津大学北洋园校区图书馆 / 青海玉树藏族自治州格萨尔广场 / 东莞松山湖科技产业园图书馆

## 获奖项目

1. 天津大学冯骥才文学艺术研究院：亚洲建筑师协会建筑奖社会组织类金奖 (2014)/ 中国建筑学会
建筑创作奖公共建筑金奖 (2014)
2. 东莞万科塘厦双城水岸居住区：亚洲建筑师协会建筑奖集合住宅类金奖 (2014)/ 中国建筑学会建
筑创作奖居住 建筑金奖 (2014)
3. 南京佛手湖一号地：亚洲建筑师协会建筑奖单独住宅类荣誉提名奖 (2014)
4. 东莞万科塘厦双城水岸商业中心：中国建筑学会建筑创作奖公共建筑银奖 (2014)
5. 北川羌族自治县新县城抗震纪念园：中国建筑学会建筑创作奖景观设计类金奖 (2014)
6. 天津音乐学院综合教学楼：全国优秀工程勘察设计行业奖一等奖 (2011)
7. 东莞松山湖凯悦酒店：全国优秀工程勘察设计行业奖二等奖 (2009)
8. 天津耀华中学改扩建工程：全国优秀工程设计银奖 (2006)/ 建设部优秀勘察设计一等奖 (2005)

# 天津大学北洋园校区图书馆

设计单位：天津华汇工程建筑设计有限公司
业主单位：天津大学

设计团队：周恺、张莉兰、章宁、王力新、汪寅光、刘若谷、李博、
刘志成、郭恩健、封新华、安君、田书韦、杨琳、张月洁、李江
项目地点：天津市
占地面积：42 060 ㎡
建筑面积：49 532.38 ㎡
设计时间：2011 年
竣工时间：2015 年

天津大学北洋园校区图书馆位于校园主轴线上。在处理建筑与轴线的关系上，设计师采取的方式是打开内院，首层开放。建筑功能分区明确，空间特征与使用需求有机结合，充分利用自然光线和庭院景观，营造出简洁大方、典雅恬静的"书院"意境。建筑立面语言简明有力、一气呵成，立面幕墙以玻璃、铝板为主材，水平延展，展现出既有传统韵味又不失现代气息的建筑形象。项目采用围合式的平面布局，经调整和优化建筑、结构方案，采用了不设变形缝的实施方案；建筑东西两侧中部首层架空形成过街楼，上部设两层阅览厅，架空部分跨度达 35 米，钢结构下挂连廊采用钢梁和钢管混凝土柱混合结构，采用 4 榀钢桁架实现，既满足了建筑美观要求，又能体现结构美，保证结构安全。

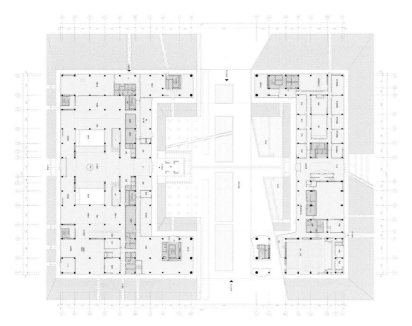

首层平面图

# 曲 雷 何 勍 1982 级

中旭建筑设计有限责任公司 主持建筑师

曲雷——1986 年毕业于天津大学建筑系，获工学学士学位
何勍——1986 年毕业于天津大学建筑系，获工学学士学位
1988 年毕业于南京工学院建筑研究所，获硕士学位

**个人荣誉**
国际建筑师协会（UIA）斯古塔斯特别奖（2011）

**获奖项目**
1. 常德老西门综合改造：第四届中国建筑传媒奖社区贡献奖提名奖（2016）
2. 常德老西门窨子屋博物馆：第 16 届中国建筑设计学会建筑创作金奖（2016）
3. 建设者公寓及老西门的重生：中国文化部第一届及第二届中国设计大展（2016）
4. 鄂尔多斯机场：国际空间设计艾特奖最佳交通空间设计提名奖（2013）/ 第 15 届中国土木工程詹天佑奖（2015）
5. 天津中新生态城建设者公寓：第二届中国建筑传媒奖（2010）

# 老西门窨子屋博物馆

设计单位：中旭建筑设计有限责任公司
业主单位：常德市天源住建房地产开发有限公司

第 16 届中国建筑设计学会建筑创作金奖（2016）

设计团队：曲雷、何勍、王强
项目地点：湖南省常德市
建筑面积：2 400 ㎡
设计时间：2011—2015 年
竣工时间：2015 年

老西门窨子屋博物馆自东向西分为全榫卯的木建筑、框架砌体建筑和中厅三个并列的部分，一座不锈钢桥连接古今，来自太湖石的意象将旧砖墙与现代黑色镜钢墙面糅合在光影虚实相间的凹陷里。新与旧、现代与传统穿梭错落于建筑与自然的每一个角落，方寸之地，步移景异。新石与旧瓦、花窗与幕墙、铜板与涂料、光影与建筑……共同演绎出无限丰富的对话与力量。

# 钵子菜博物馆

设计单位：中旭建筑设计有限责任公司、常德天城
规划建筑设计有限公司
业主单位：常德市天源住建房地产开发有限公司

设计团队：曲雷、何勃
项目地点：湖南省常德市
场地面积：4 000 ㎡
建筑面积：8 000 ㎡
设计时间：2013 年
竣工时间：2016 年

钵子菜是常德地区独有的特色菜，传统烟熏火燎的陶土钵子烹饪延续千年，原始、自然、随意、乡土气息十足，是当地人餐桌上每餐必备的佳肴。当设计师探寻钵子菜博物馆应有的形式与表现方法时，发现形式成为了表现的主体，文化成为了形象的注释。

钵子菜博物馆的天台是空中花园。屋顶采用了传统的架空屋面做法，对管道及空调室进行专门处理，将噪声隔离。每间包房内的自然导风天窗和"烟囱"成为空中花园中的"树林"，造就一个迷宫般的考古现场。在这里可以体会阳光、天空、苍穹、宇宙，烟囱上的空空的孔洞是"眼睛"，是"耳朵"，是"嘴巴"，是"心灵"，是"情感"，犹如无数的小精灵与你对话，它们就像远古的远眺者和外星球的来客看着你。

# 韩吉明 1982 级

上海瀚明建筑设计有限公司 董事总经理
高级建筑师

1986 年毕业于天津大学建筑系，获工学学士学位
1993 年毕业于东南大学建筑研究所，获硕士学位

1994—1996 年任职于新加坡巴马丹拿事务所（P&T）
2001 年至今任职于上海瀚明建筑设计有限公司

**代表项目**
闽北职业技术学院 / 四川汶川地震灾后重建工程九尺中学 / 山西省原平市范亭体育文化广场 / 青岛索菲亚国际大酒店 / 南平一中 / 扬中市青少年活动中心

**获奖项目**
四川汶川地震灾后重建工程九尺中学：四川省灾后援建项目天府杯金奖（2009）

# 武夷学院

设计单位：上海瀚明建筑设计有限公司
业主单位：武夷学院

设计团队：韩吉明、张耀庆、黄笃熙、彭旭、陈杰明、郭维刚、熊狄、蔡智华
项目地点：福建省武夷山市
场地面积：1 200 000 ㎡
建筑面积：520 000 ㎡
设计时间：2002—2015 年
竣工时间：2016 年

武夷学院是 15 000 人规模的全日制本科大学，地处武夷山城区和景区之间的丘陵地带，有山有水，风景怡人。该项目由于受到投资与周期的限制，规划设计与实施均耗时颇长，已跨越 15 年，所以学校的规划是阶段性完成的。由片断叠加，随着学院和社会的发展，增加相应片断，完整性是相对的，不同的阶段有其相对的完整性。规划中充分理解与尊重自然环境，利用其独特的地形地貌，采用自然朴实、严谨的方法，通过聚散结合的布局，让建筑群体犹如自然村落一般开放围合、高低错落，使建筑与环境融合，达到山水中有建筑、建筑中有山水的效果，形成人、建筑、自然和谐共处的优美校园。

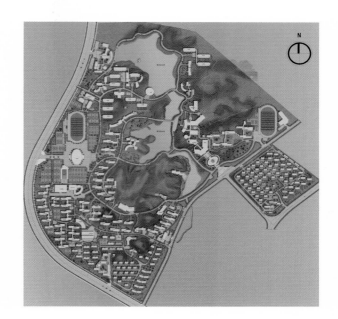

总平面图

# 盛海涛 1982 级

天津大学建筑学院 教授、硕士生导师

1986 年毕业于天津大学建筑系，获工学学士学位

1989 年至今任职于天津大学建筑学院

**代表项目**
深圳世界之窗

**获奖项目**
1. 中国水利博物馆：全国优秀工程勘察设计行业奖二等奖（2013）/"海河杯"
天津市优秀勘察设计奖一等奖（2012）
2. 天津现代职业技术学院："海河杯"天津市优秀勘察设计奖特别奖（2012）
3. 天津新文化中心："海河杯"天津市优秀勘察设计奖一等奖（2014）/
全国优秀工程勘察设计行业二等奖（2015）

# 中国水利博物馆

设计单位：天津大学建筑学院、天津市建筑设计院
业主单位：中国水利博物馆筹建办公室、 浙江省水利厅

全国优秀工程勘察设计行业奖二等奖（2013）
"海河杯"天津市优秀勘察设计奖一等奖（2012）

设计团队：盛海涛、刘欣、王一心、陈勇、曹鹏、卜雪旸、
韦志远、张洁、董岩、刘晓雪、王哲、刘芳、刘珊珊、乐慈、
莫慧、周国民、杨红、王东林
项目地点：浙江省杭州市
场地面积：62 000 ㎡
建筑面积：36 000 ㎡
设计时间：2004—2005 年
竣工时间：2010 年
摄影：姚力、刘东

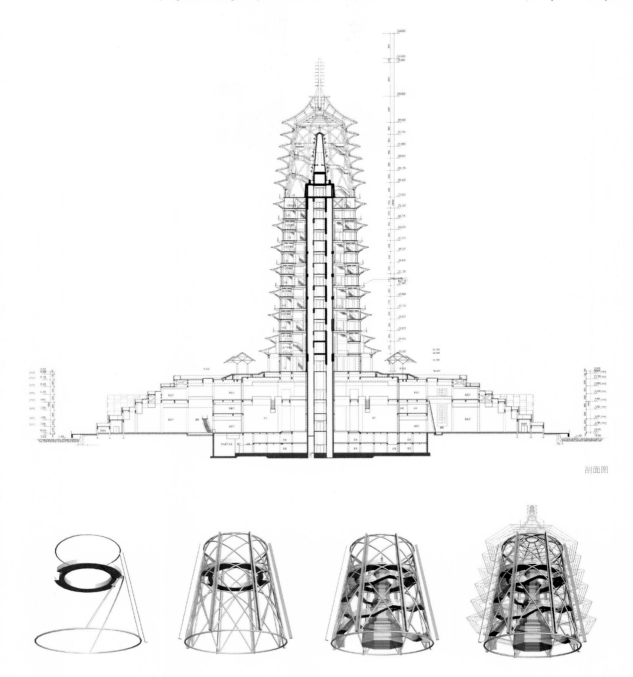

剖面图

中国水利博物馆建于我国七大古都之一的杭州，位于钱塘江江畔新堤与老堤之间经过围垦形成的湿地之上，三面临水，与钱塘江仅一堤之隔。基地内地势平缓，周围有两条内河围绕，河塘分布广泛，湿地生态资源保存完好。基于基地景观优势，设计运用先进的技术和手段实现生态的可持续性。

博物馆总高为 128 米，顶部檐口标高 99 米，塔身为 11 层楼阁式钢结构，外挂双层玻璃幕墙，逐层向内收分。为了满足塔的造型要求，结构设计借鉴了斗拱的原理，创造性地采用了"错柱节点"的方法，巧妙地解决了结构主体钢柱层层内缩的传力路径和偏心矩的问题。

塔体内部主要有两个层次，七层以下（包括七层）为观光和展览空间，八层以上（包括八层）为共享空间，通高 35 米，是整个博物馆的标志性空间。在空间的中央结合交通核和设备用房设计了一座以中国水利史为主题的纪念碑，碑身高约 20 米，呈逐渐收缩的形式。两侧环绕的楼梯盘旋而上到达空中平台，具有强烈的视觉冲击力，为站在塔前仰望的游客带来别样的空间体验和变化的观赏视角。

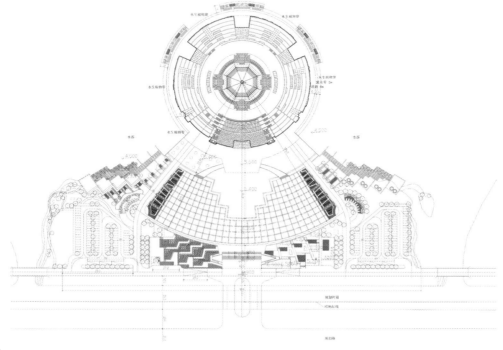

总平面图

# 天津市解放南路地区社区文体中心

设计单位：天津大学建筑学院、天津市建筑设计院
业主单位：天津市城投置地投资发展有限公司

项目地点：天津市
场地面积：13 875 ㎡
建筑面积：11 660 ㎡
设计时间：2012—2013 年
竣工时间：2016 年

设计团队：盛海涛、刘欣、王一心、陈勇、李晓煜、王萌、
金鑫、李梦、曾旭、王珣、张乾、邹旭、祖瑞、刘建华、
汤振勇、伍小亭、周国民、王东林、刘水江

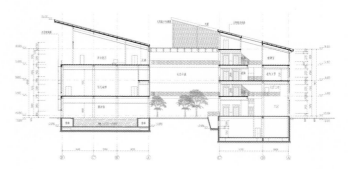

剖面图

该项目位于天津市外环辅道与解放南路交口的东北角，项目布局为地下一层、地上四层，其中地下室为设备用房，地上空间以中部共享空间为核心，北侧为游泳馆、羽毛球馆，南侧为各种活动用房、会议室等。该建筑作为解放南路地区的启动项目，力求做到低碳、低能耗，达到国家绿建三星、LEED 铂金级认证标准。

项目在设计过程中采用了多项节能措施，被动措施包括新型高效保温材料与智能遮阳系统的使用、坑道风的利用、生态中庭和热回收式风能驱动换气扇的使用等。主动措施包括太阳能光伏发电系统、低温热水发电系统、智能照明控制系统、低能耗空调末端系统、湖水冷却系统等。

基于对风环境、光环境、建筑形体系数的综合分析，设计师经过反复计算筛选，确定合理的建筑体形、朝向及布局，最终选定了"钻石"形状的平面。内部房间围绕中庭布局，大小两个中庭结合立体交通，使整个内部空间交叠错落，创造了多层次、变化丰富的视觉效果，且有效组织了建筑内部的自然通风，并结合南立面风口设计，在建筑内部形成了有组织的自然通风环境。建筑外立面采用现代风格，以金属、玻璃和面砖为外墙材料，整体风格简洁明快。

# 国家动漫产业综合示范园区 02 号地块

设计单位：天津大学建筑学院、天津市建筑设计院、天津中天建
都市建筑设计有限公司
业主单位：天津生态城投资开发有限公司

设计团队：盛海涛、刘幸坤、张波、高洪波、贾明、荆国栋、
马婕、姜渺、李书鹏、韩佳伶、朱强、刘芸、王蕾
项目地点：天津市
场地面积：72 000 ㎡
建筑面积：175 300 ㎡
设计时间：2009—2010 年
竣工时间：2011 年
摄影：刘东

本项目位于中新天津生态城动漫产业园研发与孵化区 02 号地块，紧临动漫中路、动漫东路及文三路。规划设计将 02 地块划分为五个项目用地，呈环状围绕着南侧的中心绿地。设计师承担了 02-01 至 02-04 共四个地块的设计任务，项目的定位是动漫产业的研发和孵化基地。沿街的首层建筑有产品展示、展览和商业服务的功能，上部为办公、研发、设计和生产的空间。每组建筑由前低后高的两幢单体组成，面向中心绿地围合叠落。沿动漫东路一侧的首层设置了连续的柱廊空间，既增加了地块之间的联系，也形成了与环境之间的过渡空间。

# 黄新兵 1983 级

北京市建筑设计研究院有限公司城市规划与城市设计中心 副主任
4A3 设计所所长、党支部书记、设计总监
国家一级注册建筑师

1987 年毕业于天津大学建筑系，获工学学士学位

1987 年至今任职于北京市建筑设计研究院有限公司

**代表项目**
北京鲜活农产品流通中心 / 重庆中渝国际都会 / 大连鲁能金石滩美丽汇硬石酒店 / 大连金石滩鲁能希尔顿度假酒店 / 首都机场新航站楼 GTC 交通服务中心 / 中国人民政治协商会议北京市委员会办公楼及会议中心 / 北京首都花园（巴黎城）/ 中国人民财产保险股份公司北京公司办公楼 / 邢台 CCD 商业商务中心区 / 温塘站扩能工程 / 唐山市危旧平房改造安置住房 / 原焦化厂项目 / 重庆武隆县城市设计 / 重庆人民大厦 / 重庆市电影院 / 重庆科技馆 / 重庆江北农场规划设计 / 重庆师范大学大学城校区行政楼和艺术大楼工程设计 / 重庆寸滩城市设计 / 重庆礼嘉中心区整体形象城市设计 / 重庆同景国际城 / 重庆主城两江四岸滨江地带溉澜溪片区城市设计 / 重庆忠县半城设计 / 重庆西部会展中心 / 重庆马戏团 / 云南艺术学院呈贡新区规划

**获奖项目**
1. 西双版纳避寒洲际度假酒店：北京市第十八届优秀工程设计奖公共建筑类三等奖（2015）/ 城建集团杯第八届中国威海国际建筑设计大奖赛优秀奖（2015）
2. 重庆地产大厦：重庆市勘察设计协会优秀工程勘察设计二等奖（2015）/ 全国优秀工程勘察设计行业奖优秀建筑工程设计三等奖（2017）
3. 北京首都国际机场 T3 航站楼交通中心：北京市第十四届优秀工程设计奖三等奖（2009）
4. 北京市政府办公楼：北京市第九届优秀工程设计奖二等奖（2000）

# 西双版纳避寒洲际度假酒店

设计单位：北京市建筑设计研究院有限公司
业主单位：洲际酒店管理集团、云南城投版纳投资开发有限公司

北京市第十八届优秀工程设计奖公共建筑类三等奖（2015）
城建集团杯第八届中国威海国际建筑设计大奖赛优秀奖（2015）

设计团队：黄新兵、张帆、吴英时、赵永刚、周钢、张然、沈逸贲、
孙成群、郭芳、李菁、肖捷、沈凯震、李西南
项目地点：云南省西双版纳傣族自治州
场地面积：253 100 ㎡
建筑面积：92 534.26 ㎡
设计时间：2006—2011 年
竣工时间：2012 年

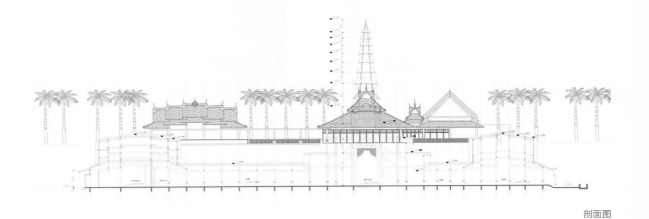

剖面图

西双版纳"避寒山庄"全称为西双版纳避寒洲际度假酒店，位于云南滇西南澜沧江—湄公河国际旅游区板块。西双版纳作为传统品牌和滇西南旅游产业重镇，在政府推动的旅游度假"二次创业"中对于拉动整个滇西南旅游产业的复兴起着重要的作用。避寒山庄作为首批重点工程，在投入运营后已经成为当地的旅游新名片。

项目从规划之初，设计团队就确立了以东南亚风情为基调、创造体验式的情景型度假产品的设计主线。度假感的体现是酒店的设计核心，因此整个酒店以面积超过 30 000 平方米的生态雨林为中心场景，围绕周边形成了分布于三个不同高差场地的迎宾区、公共区和客房区，依山就势将不同情境的功能分散布置，创造出国内独一无二的亚热带雨林特色度假区。

# 中渝国际都会城市综合体项目

设计单位：北京市建筑设计研究院有限公司
合作单位：日本株式会社日建设计
业主单位：重庆中渝物业发展有限公司

设计团队：黄新兵、吴英时、夏国藩、董奇、易嘉、
谌晓晴、束伟农、张然、靳海卿、王威、麦松冰、
杨明轲、陈现伟
项目地点：重庆市
场地面积：75 405 ㎡
建筑面积：747 230 ㎡
设计时间：2010—2015 年
竣工时间：2017 年

首层平面图

鸟瞰图

重庆"中渝国际都会"是包含超大型百货商业中心、立体商业街、国际品牌五星级酒店、5A 级商务办公区和服务式公寓等复合功能的"城市商圈级"综合体项目，位于重庆市渝北区新兴观音桥商圈核心的新牌坊地区，总建筑面积超过 180 万平方米。作为国内乃至世界罕有的复杂城市综合体，项目团队打破传统的设计理念，以"科研专题"为设计切入点，将项目分解为城市规划系统、交通系统、功能系统、形象系统、安全系统、可持续与智能建筑系统等数个专项课题，分步、分类解决设计问题。

从城市级宏观视角到每一个建筑节点的微观细节，项目团队始终以为人和城市服务为核心关注点。城市空间中，设计方以城市设计方法重点着眼于城市级区域梳理，就项目周边城市空间与功能布局做广泛分析，在研究基础上，结合项目各自功能定位与需求，进行整体空间规划。设计方充分考虑到重庆核心商圈缺乏开放空间和秩序的现状，合理分配、组合功能空间，在密集的城市中心创造了更多开放的空间形态。在处理交通问题时，设计方采用立体交通系统进行各类动线的分流组织，充分利用地形高差变化的特点在地下二层设置综合交通转换层直接接驳城市道路和快速下穿路，将城市周边车流迅速引入项目内部，提高交通效率；同时在空中、地面和地下设置各种与周边地块和建筑互通的风雨通廊，构建 24 小时全面开放的人行互通系统。在功能设计上，项目充分考虑城市综合体的特点，构建了数个以交通和服务为核心的公共功能平台，为进入项目的人群提供最便捷的公共服务设施，并积极引入节能环保与可持续技术，塑造功能合理、使用便捷、形象缤纷、面向未来的城市级中心商圈。

# 重庆地产大厦

设计单位：北京市建筑设计研究院有限公司
业主单位：重庆市地产集团、重庆康田置业有限公司

重庆市勘察设计协会优秀工程勘察设计二等奖（2015）
全国优秀工程勘察设计行业奖优秀建筑工程设计三等奖（2017）

设计团队：黄新兵、夏国藩、梁中义、吴英时、李西南、
杨苏、张然、吴中群、沈凯震、王威、李大玮、杨明珂、
康凯、李菁
项目地点：重庆市
场地面积：15 123 ㎡
建筑面积：108 441.50 ㎡
设计时间：2010—2011 年
竣工时间：2014 年

重庆地产大厦是重庆地产集团的总部办公所在地。为体现地产集团企业形象和重庆特有的山城文脉，建筑整体采用巨构形式，主体从四角破土而出在空中形成强有力的相互支撑和搭接体量，创造出坚实的基石形象，符合总部办公恢弘、大气的性格。设计方充分利用场地高差变化，将建筑功能和外部空间错落布局，实现建筑与地形的无缝结合，彰显了重庆的山城气质，构建出城市级的地标建筑。

建筑分为两大主要功能，南半部分为地产集团总部办公区，北半部分为出租部分办公区。将两种不同功能的分区通过体量和空间的划分组合在一起，配以高效的垂直交通体系和入口设置，分合有序，为日后功能的调整和出租、出售的方式预留了最大的可能性；同时引入一体化协同设计手法，建筑立面、平面、室内和场地景观均采用完整的整体模数化设计，从办公空间的基本使用模数到各种不同幕墙体系（包括石材、金属与玻璃的组合关系），再到室外各类园林空间、灰空间的布局均纳入模数体系，使得不同尺度和功能的空间统一有序，减少因体量变化而可能出现的消极空间，使建筑富有整体的美感和气势。设计方充分考虑绿色和节能技术的实际应用，把被动节能和主动技术相结合，在设计中引入了建筑风环境分析、城市热岛效应影响分析、岩砌水和高边坡处理措施等技术手段，严格参照 LEED 标准设计实施。项目获得 LEED 金级认证，成为重庆地区同类建筑的新标杆。

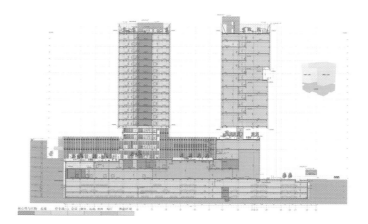

剖面分析图

# 重庆市弹子石 CBD 总部经济区 8 号地块城市设计

设计单位：北京市建筑设计研究院有限公司
业主单位：重庆市规划局、重庆市南岸区人民政府、重庆市地产集团

设计团队：黄新兵、吴英时、杨苏、袁媛、吴霜、
屈振韬、刘思源、陈娜、刘海德、郑文
项目地点：重庆市
项目规模：585 300 ㎡
设计时间：2017 年至今

弹子石 CBD 是重庆市 CBD 的三大板块之一，是最具发展潜力的城市核心区。商住混合打破以往封闭式住宅区的传统做法，设计方在竖向设计上顺接周边道路，底层商业空间全部面向公共开放，住宅采用开放街区模式，贯通江畔直至群慧公园的公共廊道，合力构筑城市级活力中心。

项目包括五大主要主题。第一是城市修补主题，项目联系周边肌理脉络，促进交通联系，整合城市功能，促进区域发展。第二是交通织补主题，项目在地块内增加道路，使区域向城市充分开放，打通地铁站至江边的、具有重庆地域特色的"立体开放步行梯巷系统"。第三是开放街区主题，商住混合区打破以往封闭式住宅区的传统做法，在竖向设计上顺接周边道路，底层商业空间全部面向公共开放，住宅采用开放街区模式，贯通江畔直至群慧公园的公共廊道，合力构筑城市级活力中心。第四是开敞空间主题，商住混合区采用公建化设计，利用高层低密度开发模式，创造通透、开敞的空间形态，与 CBD 商务办公的整体氛围保持一致，并贯通公共空间系统。第五是山城风貌主题，建筑群落延续 CBD 逐级上升的空间态势，打造弹子石地标新高点。腾龙大道两侧采用形态呼应的建筑群布局。区域内部坡地采用山城特色梯巷空间，将弹子石文化花园与商业广场合并设置，传承历史文脉的同时又满足了商业功能需求。

# 西双版纳景洪嘎洒高端休闲养生旅游度假项目

设计单位：北京市建筑设计研究院有限公司
业主单位：西双版纳颐保国际休闲养生发展有限公司

设计团队：黄新兵、郭明华、吴英时、袁媛、
徐伟楠、郑文、刘晶晶
项目地点：云南省西双版纳傣族自治州
项目规模：1 657 300 ㎡
设计时间：2011 年

该项目包括四大部分。第一部分，城市触媒的设计核心思想是通过触媒的植入带动城市联动发展，形成快速发展的良性循环，项目通过全力完成建设抢先形成噬洒城市发展触媒核心，在实现自身价值最大化的同时，带动自身与周边土地价值上升，使自身发展与城市发展相互促进、良性循环。第二部分，主题社区的设计核心思想是明确主题，配合多种城市功能，定位于"高端养生度假"的主题社区，利用不可复制的景观环境优势，形成高端养生、特色商业、地域文化展示、旅游接待、度假休闲等多种城市功能综合发展的城市社区。第三部分、有机聚合的设计核心思想是组团发展、有机互融和交织共存，建筑以深入细致的地理信息系统的分析成果为基础，充分保护本地区的山水生态特色，严格选择建设用地，使得城市组团与自然生态系统和谐共存。第四部分，生长聚落的设计核心思想是希望聚落拥有相对独立的领域感，拥有自己的主题文化，以适合当地气候和环境的现代雨林建筑为元素，吸取地域聚落组织方式，形成具有主题文化和领域感的现代生长聚落。

# 李 阳 1983 级

天大天筑城市智慧产业发展集团 联合创始人
科可兰建筑设计事务所（北京）有限公司 董事、执行总建筑师
国家一级注册建筑师

1987 年毕业于天津大学建筑系，获工学学士学位
1998 年毕业于清华大学，获工程硕士学位
2000 年毕业于英国格林威治大学，获建筑学硕士学位

1987—1996 年，2000—2001 年任职于北京市建筑设计研究院
2001 年至今任职于科可兰建筑设计事务所（北京）有限公司

**获奖项目**

1.“融科·钧廷”高端居住区：北京市优秀工程二等奖（2013）/
全国人居经典建筑规划设计方案竞赛建筑金奖（2012）
2.“三川·水岸新城” 高端居住区：全国人居经典建筑规划设计方
案竞赛、建筑双金奖（2012）
3.“西美第五大道”居住综合体：第三届百年建筑优秀作品奖（住宅类）
建筑风格创新奖（2007）
4.“金色漫香林”高端居住区：北京市优秀工程三等奖（2011）/
华彩铜奖（2012）
5. 银川“观湖一号”高端居住区：全国人居经典建筑规划设计方
案竞赛综合大奖（2009）/ 中国人居典范建筑规划设计奖环境金奖
（2009）
6. 北京昌平“观山悦”别墅区：北京市优秀工程三等奖（2011）/
百年建筑优秀作品奖（2006）/ 单体设计优秀奖（2006）/ 建筑风格
创作设计优秀奖（2006）/ 中国不动产全国房地产设计联盟建筑设计
奖（2006）

# 王 戈 1992 级

北京市建筑设计院有限公司 总建筑师
王戈工作室主任
国家一级注册建筑师

1995 年毕业于天津大学建筑系，获工学硕士学位

1995 年至今任职于北京市建筑设计研究院有限公司

**个人荣誉**
第五届中国建筑学会青年建筑师奖
全球华人青年建筑师奖
亚洲建筑师协会荣誉提名奖

**代表项目**
深圳万科第五园 / 武汉万科润园 / 上海万科第五园 / 银川华夏河图艺术家村
安徽美术馆

**获奖项目**
1. 西城区对接安置及保障性住房项目一期（张仪村地块）：北京市近期
设政策性住房规划设计奖（2010）
2. 西城区对接安置及保障性住房项目一期（回龙观地块）：北京市近期
设政策性住房规划设计奖一等奖（2010）
3. 武汉万科润园：北京市第十四届优秀工程设计评选二等奖（2009）/全
国优秀工程勘察设计行业奖住宅与住宅小区类二等奖（2009）
4. 深圳万科第五园：北京市第十三届优秀工程设计评选一等奖（2007）

# 银川艺术家村

设计单位：北京市建筑设计研究院有限公司、
科可兰建筑设计事务所（北京）有限公司
业主单位：宁夏民生房地产开发有限公司

设计团队：李阳、王戈、于宏涛、韩若为、徐铭、
马笛、李洁莛、李鹏天
项目地点：宁夏回族自治区银川市
场地面积：34 621 ㎡
建筑面积：18 000 ㎡
设计时间：2013 年
竣工时间：2016 年

草图

艺术家村坐落于有"塞上江南"之称的银川，与银川当代美术馆、
雕塑公园、鱼塘湿地共同构成了"华夏河图艺术小镇"。美术馆流
线顺畅，通体洁白，纯粹而柔美。艺术家村则方正整齐，质朴淳厚，
大气而阳刚。这一刚一柔两座建筑，在微波荡漾的杨家湖畔，个性
鲜明，相映成趣。

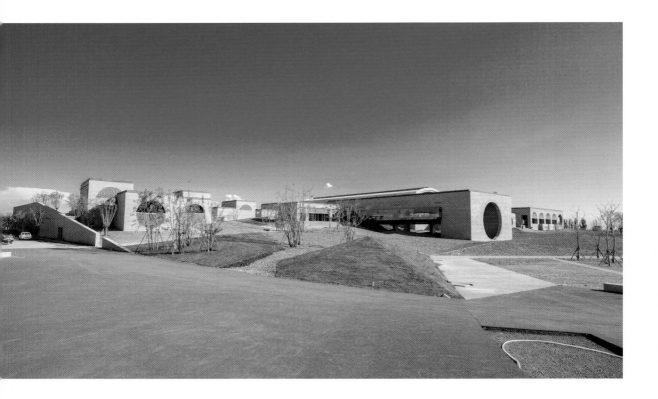

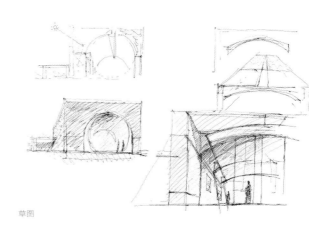

草图

艺术家村坐落于大自然与城市街区之间，一侧为面向水面的开放式设计，从湿地岸边伸展而上；另一侧形成工整的城市街道界面；沿街首层是艺术品交易商店，二层平台是排列有序的艺术家工作室。

设计团队希望将艺术家村打造成一个开放的建筑群体，不仅为来自全世界的艺术家提供创作的空间场所，而且为市民大众提供游览、休闲、观光、参与艺术活动的公众平台。

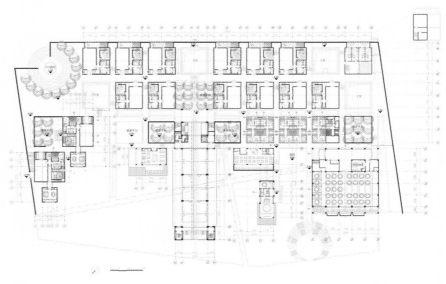

总平面图

圆形剧场、公共庭院、观景平台、屋顶露台等场所让艺术更贴近民众，增加了市民与艺术家之间更多的互动机会，为市民们创造出一个可以在欣赏艺术的同时，能够参与艺术创作活动的大型公众艺术公园。

# 博鳌一龄生命养护中心

设计单位：科可兰建筑设计事务所（北京）有限公司
业主单位：海南博鳌一龄抗衰老再生医学有限公司

设计团队：李阳、徐铭、徐海洋、陈德运、张瑞光、
国一鸣、文天奇、李结实、张硕、杨晶鑫
项目地点：海南省琼海市
场地面积：38 000 ㎡
建筑面积：48 759 ㎡
设计时间：2015 年
竣工时间：2016 年

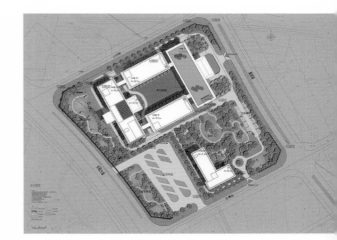

总平面图

博鳌一龄生命养护中心定位于一个将国际先进医学与中华传统疗法有机结合，为精英人群提供健康管理、疗养、度假为一体的现代化国际旅游医疗健康管理定制服务的特色医疗机构。

规划布局采用了中轴对称的矩形院落式构图，通过各层开敞的悬挑外廊将面向万泉河的主楼和各个配楼联系在一起，同时又确保了空气的自由流动，并通过绿化景观的遮阴形成了宜人的微气候环境。矩形院落同时又为数千人进行集会和产品发布等多种活动提供了场所。拥有良好视野的主配楼屋顶花园也得到了充分利用，客人可在此健身、游泳、休闲交流，充分享受豪华游轮级别的度假生活。

# 郭智敏 1984 级

深圳华森建筑与工程设计顾问有限公司 运营中心总经理、执行总建筑师
深圳建筑学会理事
全国建筑设计行业优秀工程设计评选专家

1988 年毕业于天津大学建筑系，获工学学士学位

1988—1992 年任职于农业部建筑设计院
1992 年至今任职于深圳华森建筑与工程设计顾问有限公司

## 获奖项目
1. 睿智华庭花园：中国土木工程詹天佑奖住宅小区表彰项目（2015）
2. 从化温泉养生谷五星级酒店：广东省优秀工程勘察设计奖二等奖（2015）/香港建筑师学会两岸四地建筑设计大奖卓越奖（2015）
3. 深圳当代艺术馆与展览馆：广东省优秀工程勘察设计奖 BIM 二等奖（2013）
4. 广东省委珠岛 09 号工程：广东省优秀设计二等奖（2013）
5. 广州万科科学城：广东省优秀工程勘察设计奖三等奖（2011）
6. 半山海景·兰溪谷二期：香港建筑师学会海外年奖（2007）/广东省优秀工程勘察设计奖二等奖（2009）
7. 珠海云山诗意花园：全国优秀工程勘察设计行业奖住宅与住宅小区类二等奖（2009）
8. 鸿翔花园：广东省优秀工程勘察设计奖三等奖（2007）/广东省优秀工程勘察设计奖一等奖（2008）

# 深圳华侨城 JW 万豪酒店（海颐广场）

设计单位：深圳华森建筑与工程设计顾问有限公司、约翰·波特曼建筑设计事务所
业主单位：深圳市华侨城酒店置业有限公司

设计团队：郭智敏、夏韬、郁萍、彭辉、张弛
项目地点：广东省深圳市
场地面积：21 174 ㎡
建筑面积：110 000 ㎡
设计时间：2011 年
竣工时间：2014 年

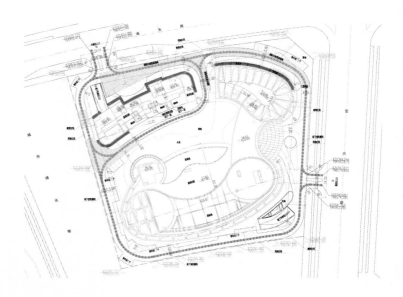

总平面图

项目由一幢 26 层酒店塔楼，一幢 29 层公寓楼和一座 5 层裙房组成，包括 360 间白金五星级华侨城品牌的高档商务公寓。建筑体形的灵感来源于水，体现水的边缘和海洋的流动性，由柔和蜿蜒的弧形建筑组成，它们包容着基地的边缘，并且在地块的中央形成了一个私密的庭园。

# 广东从化侨鑫温泉养生谷五星级酒店

设计单位：深圳华森建筑与工程设计顾问有限公司
业主单位：广州流溪香雪国际企业有限公司

广东省优秀工程勘察设计二等奖（2015）、香港建筑师学会两岸四地建筑设计大奖卓越奖（2015）

设计团队：郭智敏、夏韬、郁萍、曾耀松、吴凡、施广德
项目地点：广东省广州市
场地面积：2 460 000 ㎡
建筑面积：58 600 ㎡
设计时间：2008 年
竣工时间：2012 年

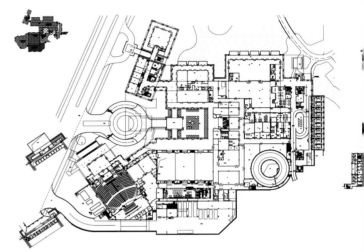

总平面图

酒店的每一间客房都能享受到高尔夫球场、山岭、溪流三种景观中的一种。
立面造型采用中式大屋面与现代元素相结合,采用自然石材,突显帝皇风范。

从化养生谷项目由广州流溪香雪国际企业有限公司开发。规划区坐落于流
溪河支流杨梅坑河河谷平原地带,地貌类型为低山、丘陵、河谷平原,面
积各占1/3,三面环山,西部有海拔110米的低山,西南面为海拔98米
的低山,南面为流溪河,东面为海拔495米的群山,地块内有西北至东南
走向的S354省道穿越,南侧连接105国道。

# 深圳招商蛇口桃花园

设计单位：深圳华森建筑与工程设计顾问有限公司
业主单位：深圳市桃花园置业有限公司

设计团队：郭智敏、曾耀松、郭志峰、蒋敏、
王瑜、梁倩、芮楚媚、周慧、刘益云
项目地点：广东省深圳市
场地面积：67 953 ㎡
建筑面积：200 000 ㎡
设计时间：2011 年
竣工时间：2015 年

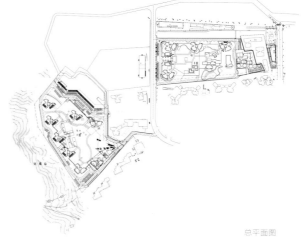

总平面图

项目包括 E、F 两部分，为提高周边景观资源的利用率和达到住宅区舒适度的要求，E 区的方案把地块自西向东设置了三级标高，分别为入口、中心花园及东侧幼儿园地块，各部分通过景观台阶及绿化缓坡形成过渡。F 区根据现状条件及设计要求，把中心花园抬高至 45 米的统一标高，减少地下室的挖深。

立面设计采用现代风格，体现"大气""雅致"的建筑品质，以简洁大方为主，并具有超前的设计感；色彩为暖色调，材质以玻璃、面砖、石材及涂料为主。横竖线条变化丰富了立面的现代感，幕墙设计更彰显了建筑的人才公寓的特性。楼栋排布结合立面设计形成强烈的韵律感，成为大南山脚下一道亮丽的风景线。

# 睿智华庭花园

设计单位：深圳华森建筑与工程设计顾问有限公司
业主单位：深圳市金海港房地产开发有限公司

设计团队：郭智敏、吕飞、郭志峰、芮楚媚
项目地点：广东省深圳市
场地面积：30 000 ㎡
建筑面积：96 000 ㎡
设计时间：2010 年
竣工时间：2013 年

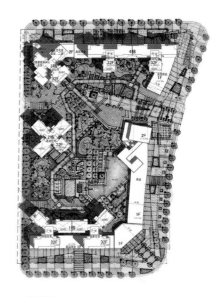

总平面图

项目的总体布局充分利用了东南侧优质景观，高层住宅围绕地块北侧、西侧和南侧呈"U"形布局，将东侧完全开敞并尽量打开东南角，既充分向景观面展开，又呈环抱态势，利用地块南北方向较长的特点形成大纵深的半围合内庭园。沿地块边缘布置建筑并使其面向庭院的方式，令区内绝大部分的住宅均能享受到内庭院和大运会的双重景观资源。

# 刘顺校 1984 级

ZPLUS 普瑞思建筑规划设计有限公司 总建筑师
上海融者建筑规划设计中心总建筑师
法国 APD 建筑学会会员

1988 年毕业于天津大学建筑系，获工学学士学位
1991 年毕业于天津大学建筑系，获规划硕士学位

1991—2003 年任职于天津大学建筑学院
2004 年至今任职于 ZPLUS 普瑞思建筑规划设计有限公司

**获奖项目**
1. 滨海旷世国际（中国五矿商务大厦）：国际竞赛一等奖
（2012）/"海河杯"天津市优秀勘察设计奖三等奖（2012）
2. 融合广场:"海河杯"天津市优秀勘察设计奖二等奖（2011）
3. 天津万顺空港五星级酒店：台湾洪四川国际建筑设计竞赛首奖（1994）/ 中国国际建筑艺术双年展建筑设计创新奖
（2006）/"海河杯"天津市优秀勘察设计奖二等奖（2011）
4. 天津和平区荣华里二期：规划建筑竞赛国际投标一等奖
5. 滨海浙商大厦：规划建筑竞赛国际投标一等奖

# 周湘津 1987 级

ZPLUS 普瑞思建筑规划设计有限公司 总经理
国家注册规划师
法国 APD 建筑学会会员

1991 年毕业于天津大学建筑系，获工学学士学位
1994 年毕业于天津大学建筑系，获规划硕士学位
2000 年毕业于天津大学建筑学院，获建筑学博士学位

1994—2003 年任职于天津大学建筑学院
1999 年公派赴法国作访问学者
2004 年至今任职于 ZPLUS 普瑞思建筑规划设计有限公司

**获奖项目**
1. 滨海旷世国际（中国五矿商务大厦）：国际设计竞赛一等奖/"海河杯"天津市优秀勘察设计奖三等奖（2012）
2. 融合广场:"海河杯"天津市优秀勘察设计奖二等奖（2011）
3. 天津万顺空港五星级酒店：台湾洪四川国际建筑设计竞赛首奖
（1994）/ 中国国际建筑艺术双年展建筑设计创新奖（2006）/"海河杯"天津市优秀勘察设计奖二等奖（2011）
4. 德式风貌区规划：国际咨询专家评选一等奖
5. 天津市梅江南居住区社区中心建筑方案：规划建筑竞赛国际投标一等奖

# 天津南开区汇科大厦

设计单位：ZPLUS 普瑞思建筑规划设计有限公司
业主单位：松江股份

设计团队：刘顺校、周湘津、宋博、马宏、贾晨、陈之豪
项目地点：天津市
场地面积：9 243.8 ㎡
建筑面积：120 800 ㎡
设计时间：2013 年
竣工时间：2017 年

项目用地西起南体路，东至白堤路，南临颐高数码广场，北至鞍山西道，规划总用地面积
9 243.80 平方米。根据天津市规划局颁发的规划条件通知书，本地块以大型商务办公、酒
店式公寓及商业娱乐为功能定位，并以此为目标，意欲打造形象突出、环境优美、使用方
便并具有吸引力的高档功能综合体。

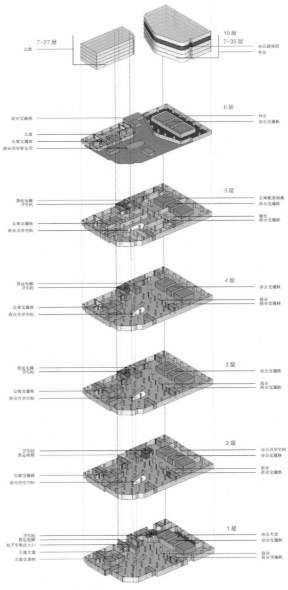

功能交通分析图

# 天津梅江中心皇冠假日酒店

设计单位：ZPLUS 普瑞思建筑规划设计有限公司
业主单位：松江股份

设计团队：刘顺校、周湘津
项目地点：天津市
场地面积：69 000 ㎡
建筑面积：214 600 ㎡
设计时间：2007 年
竣工时间：2014 年

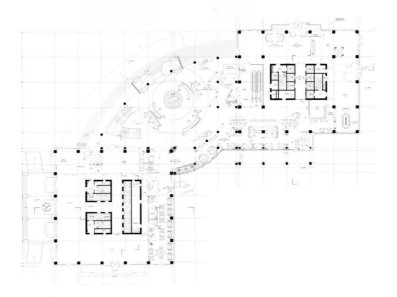

首层平面图

基地位于梅江南居住区的中心大岛区,项目西侧为天津会展中心(达沃斯夏季论坛会场),东侧为梅江南国际俱乐部,南侧为汐岸国际,周围已建成高档社区,其地理位置比较重要。该项目分为办公区、酒店、商业区、公寓四大部分。办公区为 5A 甲级写字楼,塔楼高 160 米。酒店为五星级皇冠假日酒店,建筑高 125 米。四大部分与会展中心共同形成梅江南商业核心区。本方案交通流线顺畅,通过对地块内机动车道有效组织,可以使小汽车到达岛内的所有建筑。在大岛入口处通过内部道路可以把车直接开到公寓楼前,方便快捷。进入大岛的主要道路此时不仅具有交通的功能,还起到收放空间序列的作用,同时,规划尽量做到人车分流,使其只在局部有所混合,是一种步行者优先的交通系统。

# 天齐国际广场

设计单位：ZPLUS 普瑞思建筑规划设计有限公司
业主单位：天齐投资股份有限公司

设计团队：刘顺校、周湘津、宋博
项目地点：天津市
场地面积：11 900 ㎡
建筑面积：97 800 ㎡
设计时间：2008 年
竣工时间：2015 年

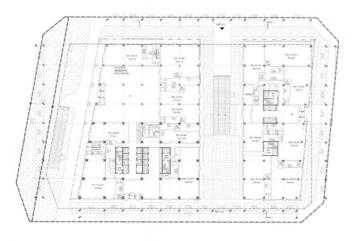

首层平面图

滨海新区中心商务区是滨海新区九大功能区之一，位于滨海新区的核心地带，横跨海河下游两岸，规划面积 37.6 平方千米。

中心商务区建设目标定位为环渤海地区的国际金融、国际贸易、现代服务业的聚集区，滨海新区中的现代金融、总部经济和高端商业的聚集地，国际化、现代化宜居城市的形象标志区。响螺湾商务区位于中心商务区核心地带，规划面积 3.2 平方千米。天齐国际广场项目位于响螺湾商务区 C—06 地块，用地性质为商业服务、公共设施，该项目意欲打造集商业、公寓、办公为一体的高档功能综合体。A 座为综合楼，建筑高 120 米；B 座为 SOHO 办公，建筑高 42.6 米。两座塔楼紧密契合基地形状，体量尺度对比得当，形成一气呵成的整体格局。

# 慧谷大厦

设计单位：ZPLUS 普瑞思建筑规划设计有限公司
业主单位：天津万兆慧谷置业有限公司

设计团队：刘顺校、周湘津
项目地点：天津市
场地面积：11 000 ㎡
建筑面积：60 000 ㎡
设计时间：2005 年
竣工时间：2008 年

慧谷大厦位于天津市南开区红旗路与天拖北道交口，地块东临红旗路，南临天拖北道，西临万兆桂荷园小区，北临规划路。该项目位于红旗路沿线，是鞍山西道科贸街的底景，浓厚的高科技氛围使该建筑成为理想的 IT 行业办公地点，对带动周边地段的都市氛围起到重要作用。

该项目总建筑面积 6 万平方米，地下 2 层，地上 27 层，为业主提供可灵活使用的空间，在"以人为本"宗旨的指引下营造办公写字楼内部空间环境及相关景观。项目的外在形象担负着传达高科技企业信息的职责，故采用理性、严谨的板式造型，只在框架内插入一红色斜向体量，产生对比和运动感，而整体的肌理图案则细腻多变，立面的分格和细部的点缀考虑了大厦"景观"和"观景"的双重效果。

# 王 勇 1984 级

北京市建筑设计研究院有限公司 副总建筑师 、第二建筑设计院院长

1988 年毕业于天津大学建筑系，获工学学士学位

1988 年至今任职于北京市建筑设计研究院有限公司

**代表项目**
北京会议中心 / 京西宾馆 / 建威大厦

**个人荣誉**
中国青年建筑师奖 (1997)

**获奖项目**
1. 中国石油大厦：中国城市科学研究会健康建筑运行三星级标识（2017）/Construction 21 国际健康建筑解决方案一等奖（2017）/ 第十一届中国土木工程詹天佑奖（2013）/ 住房和城乡建设部全国绿色建筑创新一等奖（2013）/ 住房和城乡建设部三星级绿色建筑标识（2012）/ 美国国际绿色建筑 LEED NC 整体金级认证（2012）/ 北京市第十五届优秀工程设计一等奖（2011）/ 全国优秀工程勘察设计行业奖建筑工程类一等奖（2011）/ 住房和城乡建设部智能建筑创新工程（2011）/ 住房和城乡建设部科技示范工程（2009）/ 中国建筑学会建筑创作大奖（2009）/ 住房和城乡建设部建筑能效测评三星级（2008）
2. 北京京会花园酒店：北京市优秀工程设计二等奖（2011）
3. 北京会议中心：北京市优秀工程设计一等奖（2002）/ 建设部优秀工程设计二等奖（2002）/ 全国优秀工程设计银奖（2002）
4. 北京市人民政府宽沟会议中心：北京市优秀工程设计一等奖（2002）
5. 建威大厦：北京市优秀工程设计一等奖（2000）

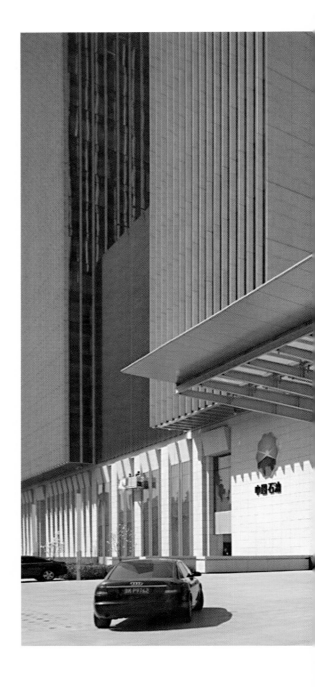

# 中国石油大厦

设计单位：北京市建筑设计研究院有限公司
业主单位：中国石油天然气集团公司

Construction 21 国际健康建筑解决方案一等奖（2017）
中国城市科学研究会健康建筑运行三星级标识（2017）
住房和城乡建设部全国绿色建筑创新一等奖（2013）
第十一届中国土木工程詹天佑奖（2013）
全国优秀工程勘察设计行业奖建筑工程类一等奖（2011）

设计团队：北京市建筑设计研究院中国石油大厦项目设计组
项目地点：北京市
场地面积：22 519.88 ㎡
建筑面积：200 800 ㎡
设计时间：2004 年
竣工时间：2008 年

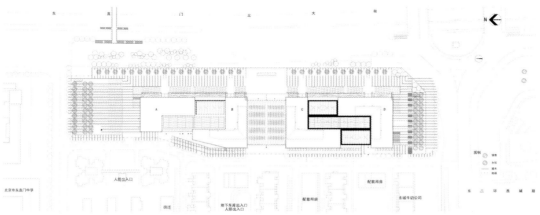

总平面图

中国石油大厦的设计坚持"先进适用、系统配套、整体最优"的原则，以业主的需求为核心，整合建筑设计的各类技术方法与先进概念。在设计过程中，从使用功能到建筑布局，从室内环境到室外环境，从细部节点到空间尺度，从模数控制到逻辑关系，从构造措施到成本平衡，各专业工种都努力做到理性的表达和总体的协调，将整体设计的概念落实贯穿于设计过程之中。

# 郭卫兵 1985 级

河北建筑设计研究院有限责任公司 副院长、总建筑师
中国建筑学会理事
河北省土木建筑学会建筑师分会理事长

1989 年毕业于天津大学建筑系，获工学学士学位
2007 年毕业于天津大学建筑学院，获工程硕士学位

1989 年至今任职于河北建筑设计研究院有限责任公司

**代表项目**
石家庄人民广场 / 中加低碳节能建筑技术交流中心

**获奖项目**
1. 中山博物馆工程：全国优秀工程勘察设计行业奖一等奖 (2017)
2. 河北建筑设计研究院办公楼改建工程：全国优秀工程勘察设计行业奖二
等奖 (2015)
3. 河北博物馆工程：全国优秀工程勘察设计行业奖一等奖 (2013)
4. 河北省图书馆改扩建工程：全国优秀工程勘察设计行业奖一等奖 (2013)
5. 泥河湾博物馆工程：全国优秀工程勘察设计行业奖二等奖 (2013)
6. 河北建设服务中心工程：全国优秀工程勘察设计行业奖二等奖 (2009)
7. 中国磁州窑博物馆工程：全国优秀工程勘察设计行业奖三等奖 (2009)

# 河北建筑设计研究院办公楼改建工程

设计单位：河北建筑设计研究院有限责任公司
业主单位：河北建筑设计研究院有限责任公司

设计团队：郭卫兵、李拱辰、楚连义、武哲、董子辉
项目地点：河北省石家庄市
场地面积：4 100 ㎡
建筑面积：3 760 ㎡
设计时间：2013 年
建成时间：2014 年
摄影：魏刚

本工程是一个持续改造的项目。20 多年前，公司在 1974 年建造的四层砖混结构办公楼基础上建立了一套与其相脱离的结构支撑体系，在其上方加建了六层办公楼。本次改建是将最初建设的四层办公楼拆除重建，并与首次改建的部分在结构上形成统一整体。设计方在立面设计中，设计方将已拆除的旧建筑的建筑表情在新的框架体系内再现，同时增加新的元素，增加了建筑的时代感和艺术性。在室内空间设计中，设计方满足功能需求的同时营造出丰富多彩的艺术氛围，以质朴自然的材料表达了材料的真实性和文化特征。

# 石家庄大剧院

设计单位：河北建筑设计研究院有限责任公司
业主单位：石家庄市演艺集团

设计团队：郭卫兵、周波、李文江、王新炎、李洪泉
项目地点：河北省石家庄市
场地面积：30 051 ㎡
建筑面积：52 700 ㎡
设计时间：2013 年
竣工时间：2016 年

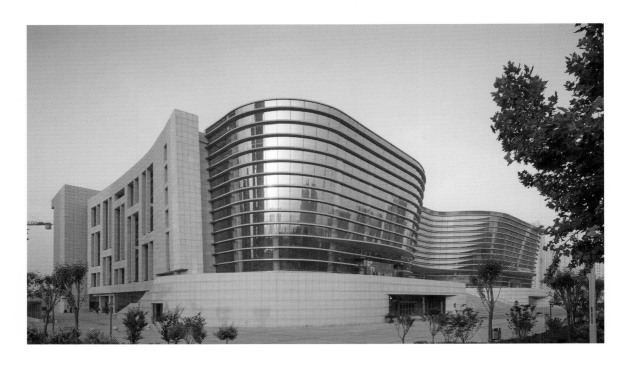

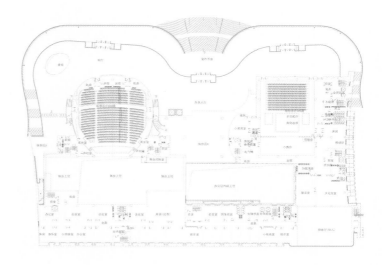

二层平面

本工程主要功能包括一个1200座的中型剧场、600座多功能厅及院团办公、排练、培训、展览等多功能于一体的文化综合体。本项目采用现代建筑设计风格及装饰材料，塑造"虚实相生"的城市舞台的空间意象，以流畅生动、极富乐感的建筑形体，创造出流动开阔的建筑空间与完整的建筑形态。

# 定州中山博物馆

设计单位：河北建筑设计研究院有限责任公司
业主单位：定州市旅游文物局

设计团队：郭卫兵、王新炎、周波、邸军棉
项目地点：河北省定州市
场地面积：35 000 ㎡
建筑面积：25 600 ㎡
设计时间：2014 年
竣工时间：2016 年

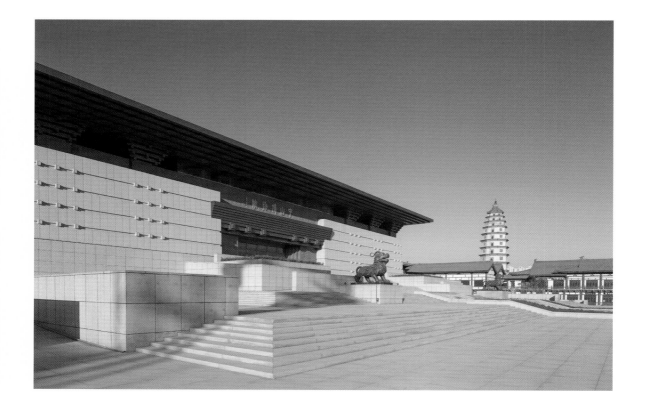

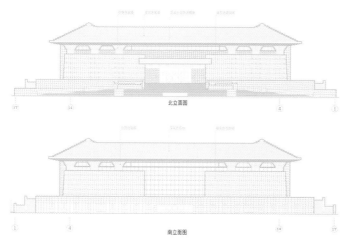

立面图

中山博物馆工程基地位于定州开元寺塔、贡院等国家级重点文物所在片区，馆址周围同期规划建设了仿古商业街区，因这一基地特征和片区风貌，使中山博物馆在城市设计、建筑形式方面面临较大挑战，也为建筑创作提供了良好机遇。工程选址在符合文物保护控制规划的前提下，以开元寺塔、贡院为参照点建立东西轴线及南北轴线，从而确立博物馆基地坐标体系，实现现代与传统之间的对话。设计师充分研究周边传统建筑的建构特点，将台地、屋顶、叠涩、纹饰等形式语言，以现代建筑设计手法构建出尊重传统又彰显时代精神的建筑风貌。定州是拥有优秀传统建筑技艺的地区，传统建筑中呈现出中国建筑"经典美"特征。本工程以严谨、周正、大方的空间形态，探索具有本土特色的经典表情。

# 程 权 1985 级

深圳凯斯筑景设计有限公司 (KAS DESIGN GROUP) 总裁
北洋智慧设计发展（深圳）有限公司 董事、总经理
天津大学建筑学院设计研究中心（深圳）规划设计研究所所长
国家一级注册建筑师

1989 年毕业于天津大学建筑系，获工学学士学位
1994 年毕业于天津大学建筑系，获工学硕士学位

1989—1991 年任职于济南市建筑设计研究院（现山东同圆设计集团有限公司）
1994—2004 年任职于深圳大学建筑设计研究院
2004 年至今任职于深圳凯斯筑景设计有限公司 (KAS DESIGN GROUP)

**代表项目**
山西灵岩山文化旅游度假区 / 河南新密市土门印象旅游规划 / 汕尾渔家特色小镇 /
郑州华尔中心 / 郑州大溪地 / 深圳万科天琴湾 / 深圳万科东海岸 / 深圳星河丹堤 / 上
海万科梦想派 / 珠海万科城 / 南宁荣和悦澜山 / 深圳喜之郎大厦 / 广西钦州东茂生
态园 / 梅州熙和湾

**获奖项目**
1. 上海万科金域华府：第十二届"金盘奖"最佳住宅入围项目（2017）
2. 珠海万科红树东岸样板房：第十二届"金盘奖"最佳交楼标准入围项目（2017）
3. 郑州雁鸣府度假村：美居奖北赛区"中国最美旅游度假区"（2015）
4. 郑州民航国际馨苑：金拱奖人居设计优秀奖（2014）
5. 上海万科金色梦想：金拱奖景观设计金奖（2014）
6. 南宁荣和中央公园："金盘奖"年度最佳（2014）
7. 保利花城：全国人居经典建筑规划设计方案竞赛建筑环境双金奖（2011）
8. 京基天涛：美居奖"中国最美的别墅"奖（2011）

# 万科翡翠之光景观设计

设计单位：深圳凯斯筑景设计有限公司
业主单位：万科地产

设计团队：程权、骆飞鹏、EVAN、郭荧屏、冯丹丹、乐杰
项目地点：江苏省徐州市
场地面积：46 612 ㎡
建筑面积：167 614 ㎡
设计时间：2017 年
竣工时间：2017 年

总平面图

青山绿水古徐州，黄河之水东南流。设计以一滴水的旅程为载体，深挖当地黄河水文化，结合现代城市发展与人居诉求，以自由、生态、静谧、人文为愿景，打造故黄河畔一处与水为邻的诗意居所。

# 孙雨虹 1985 级

Rachel Y.H. Sun Architect（加拿大多伦多）创始人、主持建筑师
加拿大安大略省注册建筑师
加拿大皇家建筑师学会会员
美国绿色建筑委员会认证设计师 (LEED AP)

1989 年毕业于天津大学建筑系，获工学学士学位
1993 年毕业于天津大学建筑系，获工学硕士学位

1994—2001 年任职于中国建筑东北设计研究院
2004—2006 年任职于加拿大 TRB 建筑师事务所
2006—2010 年任职于加拿大 CEI 建筑设计公司
2010—2016 年任职于加拿大 JR 景观设计公司
2016 年至今任职于 Rachel Y.H. Sun Architect

**获奖项目**
本拿比市公共图书馆 Tommy Douglas 分馆：加拿大绿色建筑协会（CGBC）LEED 金奖（2012）

本拿比市公共图书馆 Tommy Douglas 分馆

设计单位：Diamond and Schmitt Architects Inc.
+CEI Architecture Planning Interiors
业主单位：本拿比市（City of Burnaby）

加拿大绿色建筑协会（CGBC）LEED 金奖

设计团队：孙雨虹、John Scott，Sid Johnson，Derek Newby
项目地点：加拿大温哥华本拿比市
建筑面积：1 626 ㎡
设计时间：2006—2007 年
竣工时间：2009 年

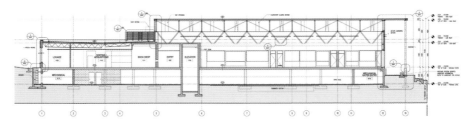

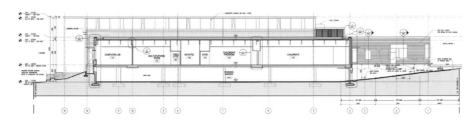

剖面图

建筑设计强化图书馆设施的开放性和通达性。图书馆的主要空间是一个具有高天棚的大空间。室外玻璃采光加强了通透感以及图书馆读者和室外行人的联系。建筑基址面向林荫大道Kingsway。为了强化基址的重要性，设计充分考虑了从街道观看建筑的尺度。高高的天花板使得室外光从高侧窗漫射进来。室内增加的高度加强了空间通风，自动开启的高窗充分利用自然通风力量释放热空气。该建筑具有很多可持续建筑特征，包括绿色屋顶、自然采光、地热利用，并用一个地下蓄水池来收集屋面的雨水进行景观灌溉。

# 朱铁麟 1985 级

天津市建筑设计院 首席总建筑师
中国建筑学会建筑师分会第六届理事会理事
中国建筑学会资深会员
中国勘察设计协会传统建筑分会专家委员会专家
天津市城市规划学会常务理事
正高级建筑师
国家一级注册建筑师

1989 年毕业于天津大学建筑系，获工学学士学位

1989 年至今任职于天津市建筑设计院

个人荣誉
天津市工程勘察设计大师（2012）
享受政府特殊津贴专家（2009）
第一届全球华人青年建筑师奖（2007）
第六届中国建筑学会青年建筑师奖（2006）
天津市城建系统授衔建筑设计专家
天津市"五一"劳动奖章
天津市第六届青年科技奖

获奖项目
1. 天津市数字广播大厦："海河杯"天津市优秀勘察设计奖建筑工程公建类一等奖（2016）
2. 天津市泰悦豪庭：全国优秀工程勘察设计行业奖住宅与住宅小区类一等奖（2015）/"海河杯"天津市优秀勘察设计奖住宅与住宅小区类一等奖（2015）
3. 锦程嘉苑三区："海河杯"天津市优秀勘察设计奖住宅与住宅小区类一等奖（2016）
4. 天津远洋万和花苑居住区："海河杯"天津市优秀勘察设计奖住宅与住宅小区类一等奖（2014）
5. 天津文化中心银河国际购物中心：全国优秀工程勘察设计行业奖二等奖（2013）/"海河杯"天津市优秀勘察设计奖特别奖（2013）
6. 海河教育园电子信息高级技术学校："海河杯"天津市优秀勘察设计奖特别奖（2012）
7. 天津君隆广场：全国优秀工程勘察设计行业奖二等奖（2011）
8. 天津梅江会展中心："海河杯"天津市优秀勘察设计奖特别奖（2011）
9. 天津数字电视大厦："海河杯"天津市优秀勘察设计奖一等奖（2011）/ 第六届中国建筑学会建筑创作优秀奖（2012）
10. 平津战役纪念馆：国家优秀工程银奖（1999）/ 中国建筑学会建国 60 周年建筑创作大奖（2009）

# 万丽泰达酒店

设计单位：天津市建筑设计院、美国加州格兰建筑设计公司
业主单位：天津泰达国际会议发展有限公司

设计团队：朱铁麟、梁晓明、陈永凯、阎俊、王秋利、
邓晓岚、王蕾、杨政忠、刘艳茹、王玉藻、田伟平、
孙汛、王新、齐树棠、王彤、李天植
项目地点：天津市
场地面积：84 370 ㎡
建筑面积：74 900 ㎡

剖面图

天津万丽泰达会议酒店是一座集商务住宿、餐饮、娱乐、国际会议等功能于一体的五星级标准国际连锁酒店。

规划布局：酒店及会议中心沿第二大街一字排开，高低错落的建筑轮廓配合自由曲线平面，展现出酒店建筑独有的气质。建筑周边除必要的出入通道及停车需要，尽量安排绿化环境。

造型设计：建筑形体简洁、挺拔，统一外表皮包裹下曲线体量形成一组气势恢宏的建筑。冷绿色的玻璃幕墙结合天然石材幕墙使建筑华美典雅、品质超群，建筑与天空的背景自然融合，创造出层次丰富的外观。

# 天津银河国际购物中心

设计单位：天津市建筑设计院
业主单位：天津乐城置业有限公司

全国优秀工程勘察设计行业奖二等奖（2013）、"海河杯"天津市优秀勘察设计奖特别奖（2013）

设计团队：朱铁麟、凌海、马岳涛、乐慈、翟晓红、康方、徐磊、
姚琳、刘增治、刘建华、伍小亭、王东林、王蕾、冯辉
项目地点：天津市
场地面积：101 100 ㎡
建筑面积：334 525 ㎡
设计时间：2009 年
竣工时间：2013 年

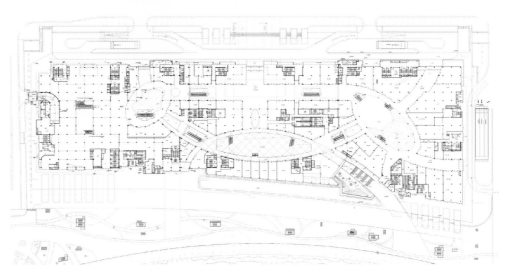

首层平面图

天津银河国际购物中心的设计理念源于对和谐生活的向往，意在创造出一片生活空间，一个可以让心灵、身体和精神同时得到满足的平衡的生活环境，一个融自然与文化、时尚与娱乐、社交与沉思于一体的和谐共存的场所。

设计的主旨在于商业综合体应该呈一种开放的姿态去迎接文化中心的文化活动和自然景观。超越一般的建筑，商业综合体和天津大礼堂与大剧院的花园步道交织融汇在一起。

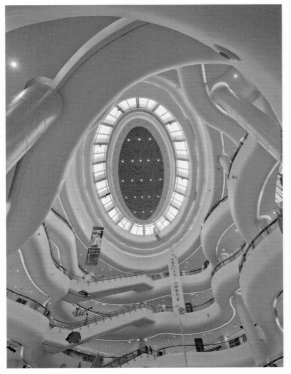

# 天津市泰悦豪庭

设计单位：天津市建筑设计院
业主单位：泰升房地产开发（天津）有限公司

全国优秀工程勘察设计行业奖住宅与住宅小区类一等奖（2015）、
"海河杯"天津市优秀勘察设计奖住宅与住宅小区类一等奖（2015）

设计团队：朱铁麟、王彤、凌海、邓晓岚、陈秀云、张铭、
梁胜利、董兆华、郭建伟、张宝忠、姚鹏、李坤、陈震宁、
孙汛、王军辉
项目地点：天津市
场地面积：89 800 ㎡
建筑面积：74 900 ㎡
设计时间：2004—2009 年
竣工时间：2012 年

总平面图

根据用地特点，小区在满足规划退界要求的条件下，以充分利用海河沿河绿化带的景观资源为前提。所有建筑单体沿基地北界围合布置，海河边的住宅楼为一梯三户大户型单元，沿城市主干道琼州道则布置一梯四户户型。沿海河的建筑底层架空，沿琼州道底层延续都市活动肌理设置配套商业设施，同时可减少交通噪声对小区的影响。

现代居住区要求达到社会效益、环境效益和经济效益的统一。故设计方在琼州道和台儿庄路交界的转角建筑底层设置活动会所，内设儿童游乐室、棋牌室、游泳池、健身俱乐部、多功能厅等各具特色的设施。其中室内恒温游泳池设于三楼，南临绿化内庭院，北迎海河全景，不仅为居民提供高品质全天候活动空间，其全玻璃的外貌亦为海河畔营造出另一亮点。

# 后记
## POSTSCRIPT

　　八十载风雨悠悠育累累英华，数十年桃李拳拳谱北洋匠心，历经近一个世纪的风风雨雨，2017 年的金秋十月，迎来了天津大学建筑教育的 80 周年华诞。

　　天津大学建筑学院的办学历史可上溯至 1937 年创建的天津工商学院建筑系。1954 年成立天津大学建筑系，1997 年在原建筑系的基础上，成立了天津大学建筑学院。建筑学院下辖建筑学系、城乡规划系、风景园林系、环境艺术系以及建筑历史与理论研究所和建筑技术科学研究所等。学院师资队伍力量雄厚，业务素质精良，在国内外建筑界享有很高的学术声誉。几十年来，天津大学建筑学院已为国家培养了数千名优秀毕业生，遍布国家各部委及各省、市、自治区的建筑设计院、规划设计院、科研院所、高等院校和政府管理、开发建设等部门，成为各单位的业务骨干和学术中坚力量，为中国建筑事业的发展做出了突出贡献。

　　2017 年 6 月，天津大学建筑学院、天津大学建筑学院校友会、天津大学出版社、乙未文化决定共同编纂《北洋匠心——天津大学建筑学院校友作品集》系列丛书，回顾历史、延续传统，力求全面梳理建筑学院校友作品，将北洋建筑人近年来的工作成果向母校、向社会做一个整体的汇报及展示。

　　2017 年 7 月，建筑学院校友会正式开始面向全体天津大学建筑学院校友征集稿件，得到了广大校友的积极反馈和大力支持，陆续收到 130 余位校友的项目稿件，地域范围涵盖我国华北、华东、华南、西南、西北、东北乃至北美、欧洲等地区的主要城市，作品类型包含教育建筑、医疗建筑、交通建筑、商业建筑、住宅建筑、规划及景观等，且均为校友主创或主持的近十年内竣工的项目（除规划及城市设计），反映了校友们较高水平的设计构思和精湛技艺。

　　2017 年 9 月，彭一刚院士、张颀院长、李兴钢大师、荆子洋教授参加了现场评审，几位编委共同对校友提交的稿件进行了全面的梳理和严格的评议，同时，崔愷院士、周恺大师也提出了中肯的意见，最终确定收录了自 1977 年恢复高考后入学至今的 113 位校友的 223 个作品。